विश्व के प्रसिद्ध बीजगणितज्ञ

(बीजगणित की विकास यात्रा)

लोकोपयोगी विज्ञान

विश्व के प्रसिद्ध बीजगणितज्ञ

(बीजगणित की विकास यात्रा)

महेश दुबे

nbt.india
एकः सूते सकलम्

राष्ट्रीय पुस्तक न्यास, भारत
NATIONAL BOOK TRUST, INDIA

ISBN 978-81-237-6655-3

पहला संस्करण : 2013
दूसरी आवृत्ति : 2019 (*शक 1941*)

Vishaw Ke Prasiddh Bijganitagya: Bijganit Ki Vikas Yatra *(Hindi)*

₹ 145.00

निदेशक, राष्ट्रीय पुस्तक न्यास, भारत
नेहरू भवन, 5 इंस्टीट्यूशनल एरिया, फेज-II
वसंत कुंज, नई दिल्ली-110070 द्वारा प्रकाशित
Website: www.nbtindia.gov.in

अम्मा, बाबूजी
अदिति और इधिका
के लिए

अनुक्रम

प्राक्कथन और आभार

गणित के इतिहास और गणितज्ञों की जीवनी में मेरी रुचि विद्यार्थी जीवन से ही रही है। ई.टी. बेल की 'मैन ऑफ मेथेमेटिक्स' जैसी पुस्तकों ने इस रुचि को और बढ़ाया। कक्षाओं में–गणितीय विश्लेषण, अमूर्त बीजगणित और मेजर थ्योरी तथा लीबेग इंटीग्रेशन जैसे विषय पढ़ाते हुए मैंने गणितज्ञों की जीवनी और विषय के ऐतिहासिक विकास क्रम का उल्लेख अपने व्याख्यानों में किया। विद्यार्थियों की प्रतिक्रिया उत्साहप्रद थी। 40 वर्ष के प्राध्यापकीय जीवन में गणित के इतिहास पर विपुल साहित्य पढ़ने का अवसर मिला।

गुणाकर मुले की *'संसार के महान गणितज्ञ'* और वरदराजन की *'Algebra in Ancient and Modern Times'*–जैसी रोचक शैली में लिखी पुस्तकों ने मुझे बहुत प्रभावित किया। फलस्वरूप *'बीजगणित की विकास यात्रा'* शीर्षक से बीजगणितज्ञों की जीवनी और कार्यों पर केंद्रित लेख-शृंखला तैयार होती गई। प्रस्तुत पुस्तक मेरे इन्हीं आलेखों का संकलन है।

पुस्तक में बीजगणितज्ञों की जीवनी कालक्रमानुसार दी गई है–इससे पाठकों को बीजगणित के विकास क्रम की जानकारी मिल सकेगी। जीवनी के साथ–यथा स्थान और यथा संभव बीजगणितज्ञों के कार्यों का सरल और संक्षिप्त विवरण देने का प्रयास किया गया है। 'गाल्वा के उत्तराधिकारी' शीर्षक से–सोफस ली, आन्द्रे वायल, जेकबसन जैसे गणितज्ञों के बारे में संक्षेप में जानकारी दी गई है। संभवतया हिंदी में यह पहला प्रयास है।

मैं विश्व हिंदी न्यास (ऑसवीगो, अमेरिका) के डॉ. राम चौधरी का आभारी हूँ, जिन्होंने मेरे आलेखों को न्यास की त्रैमासिक पत्रिका 'विज्ञान-प्रकाश' में क्रमशः प्रकाशित किया। डॉ. चौधरी की प्रेरणा से ये आलेख पुस्तक के रूप में नेशनल बुक ट्रस्ट, इंडिया से प्रकाशित हो रहे हैं।

मैं उन सभी लेखकों का आत्मीय रूप से कृतज्ञ हूँ जिनकी पुस्तकों और शोध-पत्रों से मैंने इन आलेखों के लिए सामग्री जुटाई है। मैंने अमेरिकन मेथेमेटिकल सोसाइटी के Notices में प्रकाशित सामग्री का भी उपयोग किया है और इस हेतु मैं अपनी कृतज्ञता ज्ञापित करता हूँ। हिंदी और अँग्रेजी की अनेक कविताओं और

टिप्पणियों का मैंने प्रसंगानुकूल उपयोग किया है। इन सभी के रचनाकारों के प्रति मैं आभार व्यक्त करता हूँ।

मैं अपने गुरु श्रद्धेय डॉ. आर.एन. जैन के प्रति अपनी सादर कृतज्ञता व्यक्त करता हूँ जिन्होंने मुझे प्रेरणा दी और मेरे उत्साह को बढ़ाया। दकार्ता की ज्यामिति पर पुस्तक मुझे डॉ. जैन ने ही अपने संग्रह से पढ़ने को दी थी।

इन आलेखों को लिखे जाने का श्रेय मेरी पत्नी शैल को भी है, जिन्होंने घर-बाहर के सारे दायित्यों को सँभालकर मुझे, पढ़ने और लिखने के अधिक-से-अधिक अवसर उपलब्ध कराए।

मैं नेशनल बुक ट्रस्ट का भी आभार मानता हूँ–जो मेरे प्रस्ताव को स्वीकार करते हुए इस संकलन को प्रकाशित कर रहे हैं। सौजन्यपूर्ण सहयोग के लिए मैं विशेष रूप से श्रीमती उमा बंसल का उल्लेख करना चाहूँगा।

कोई भी पुस्तक अपने आप में संपूर्ण नहीं होती। इस पुस्तक में भी बहुत कुछ छूट गया होगा और कई त्रुटियाँ भी रह ग़ई होंगी। इनके लिए मैं ही दोषी हूँ। विश्वास है कि सुधी पाठक इन कमियों की ओर मेरा ध्यान आकर्षित करेंगे।

(महेश दुबे)

यूक्लिड

बिंदु और रेखाओं, कोणों को परिभाषित कर
गणित को एक नया संसार दिया
यूक्लिड ने बाँध प्रमेयों में सुसंबद्ध रूप से
ज्यामिति को शाश्वत वैश्विक आधार दिया।

कुछ परंपरा से प्राप्त और कुछ
मौलिक संरचनाएँ लेकर
सीमित और संवृत्त सृष्टि ज्यामिति की
यूक्लिड ने लिख डाली सुंदर।

संख्याओं को परिपूर्ण बनाया
$\sqrt{2}$ परिमेय नहीं दर्शाया
अभाज्य रहस्यों को किया उजागर
और, गणित ही है श्रेष्ठ मार्ग बतलाया।

आज हजारों साल बाद भी
जीवित हैं गणित में यूक्लिड
स्मरण तुम्हार कर कृतज्ञता से
हम, तुम्हें नमन करते हैं यूक्लिड।

यूक्लिड के संबंध में हमारी जानकारी बहुत अल्प है। पेप्पस (Pappus of Alexandria) के अनुसार वे एलेक्जेंड्रिया के प्रसिद्ध संग्रहालय में शिक्षक थे। टॉलमियों द्वारा स्थापित एलेक्जेंड्रिया का म्यूजियम ज्ञान-विज्ञान के अध्ययन और शोध का महत्वपूर्ण केंद्र था। इसकी स्थापना 323 ई.पू. में सिकंदर की मुत्यु के कुछ वर्षों बाद टॉलमी-प्रथम द्वारा की गई थी। इसके ग्रंथागार में 7 लाख ग्रंथ थे। ई. 390 और 640 में हुए आक्रमणों ने इस ग्रंथागार को नष्ट कर दिया था। प्रोक्लस (Proclus : पाँचवीं शताब्दी के ग्रीक दार्शनिक और गणितज्ञ जिन्होंने यूक्लिड पर व्याख्या लिखी थी) ने

यूक्लिड को टॉलमी-प्रथम का समकालीन बताया है। एक ज्यामितीकार के रूप में यूक्लिड की ख्याति विश्वविश्रुत है। विगत 2200 वर्षों में उनका नाम ज्यामिती का पर्याय बन गया है। 'एलिमेंट्स' (Elements) उनकी कालजयी कृति है। संभवतया उनके इस ग्रंथ का मूल यूनानी नाम 'स्टाइकेइया' था–जिसका अर्थ है–सबसे छोटा घटक। 12वीं शताब्दी में जब एक अरबी पांडुलिपि से इसका लैटिन अनुवाद प्रकाशित हुआ, तब इसे 'एलिमेंट्स' का नाम दिया गया–तब से यही नाम प्रसिद्ध हो गया है।

ज्यामिती का यह ग्रंथ 13 किताबों (अध्यायों) में विभाजित है। इस ग्रंथ में यूक्लिड ने पूर्ववर्ती गणितज्ञों के निष्कर्षों और अपनी मौलिक खोजों को व्यवस्थित रूप देकर; तार्किक एवं संरचनात्मक आधार के साथ युक्तिसंगत क्रम में प्रस्तुत किया है। एलिमेंट्स में यूक्लिड ने परिभाषाओं, अभिगृहीतों (Postulates) और स्वयंतथ्यों (Axioms) के सुदृढ़ आधार पर ज्यामितीय के विशाल भवन को खड़ा किया है और निगमनात्मक पद्धति (Deductive methods) से उसे सुसज्जित किया है। संसार की सभी भाषाओं में 'एलिमेंट्स' का अनुवाद हो चुका है। 1719 में जयपुर के महाराजा सवाई जयसिंह के राज ज्योतिषी–जगन्नाथ पंडित ने इसका संस्कृत अनुवाद किया। इसी संस्कृत अनुवाद के माध्यम से यूक्लिड, हिंदी में आए हैं। बाइबिल के अलावा शायद ही किसी अन्य ग्रंथ के इतने संस्करण प्रकाशित हुए हों, जितने कि यूक्लिड के एलिमेंट्स के। यथार्थ में यूक्लिड का यह ग्रंथ ज्यामिती का विश्वकोश है। प्रोक्लस ने इसकी महत्ता प्रतिपादित करते हुए लिखा है, "यूक्लिड की इस कृति का गणित से वही रिश्ता है, जो शब्दों का भाषा से है।" हजारों वर्षों के बाद आज भी यूक्लिड के इस ग्रंथ का आकर्षण कम नहीं हुआ है। ज्यामिती के मूलभूत सिद्धांतों और प्रमेयों को आज भी यूक्लिड की ही प्रविधियों के आधार पर पढ़ाया जाता है।

यूक्लिड की ज्यामिती की अपनी कुछ सीमाएँ थीं। फलस्वरूप जेनोस बोल्याई (हँगरी : 1802-60), लोबोचेवस्की (रूस : 1793-1856) और रीमान (जर्मन : 1826-66) जैसे गणितज्ञों ने अ-यूक्लिडीय ज्यामिती का सृजन किया। आइन्स्टाइन ने भी अ-यूक्लिडीय ज्यामिती की सहायता से ही सापेक्षता का सिद्धांत प्रस्तुत किया था। उनका कहना था, "यद्यपि इस विराट विश्व की ज्यामिती अ-यूक्लिडीय है परंतु हमारे सीमित और इस भौतिक विश्व की ज्यामिती यूक्लिड की ही है।" बर्ट्रेंड रसेल ने–पाश्चात्य दर्शन के इतिहास में यूक्लिड के एलिमेंट्स को एक सर्वकालिक महान ग्रंथ बताते हुए, इसे ग्रीक ज्ञान-विज्ञान का परिपूर्ण स्मारक निरूपित किया है। यूक्लिड की बहुत-सी कृतियाँ आज उपलब्ध नहीं हैं। एलिमेंट्स के अतिरिक्त उनकी निम्न कृतियाँ प्रकाश में आई हैं–Data, Division of Figures, Phaenomena और Optics।

'Data' नामक कृति एलिमेंट्स की सहायक कृति के रूप में लिखी गई प्रतीत होती है। 'Division of Figures' अरबी अनुवाद के माध्यम से लैटिन व अन्य यूरोपीय भाषाओं में उपलब्ध है। यह ज्यामितीय आकृतियों के विभाजन से संबंधित 36 साध्यों का संकलन है। 'Phaenomena' गोलीय ज्यामिती पर केंद्रित है। 'Optics' में यूक्लिड ने प्रकाश के परावर्तन और तत्संबंधी नियमों की चर्चा की है।

यूक्लिड ने अपने समय के गणितीय ज्ञान को संग्रहित कर उसे व्यवस्थित और तार्किक रूप में प्रस्तुत किया। हम सब उनके ऋणी हैं। उनके साथ एक विराट युग का अंत हुआ। इस आलेख में हम बीजगणित से संबंधित यूक्लिड के कार्यों की चर्चा करेंगे।

एलिमेंट्स की दूसरी किताब को 'ज्यामितीय बीजगणित' (Geometric algebra) भी कहा जाता है। डेनमार्क के गणितज्ञ झयूथेन (H.G. Zeuthen) ने सबसे पहले इस शीर्षक का उपयोग किया था। 1979 में प्रकाशित अपने एक शोधपत्र में डी.एच. फाउलर ने यूक्लिड की दूसरी किताब के साध्य 5 और 6 का उल्लेख किया है। फाउलर के अनुसार, इन साध्यों में समीकरण–

$$x^2 \pm ax = b^2$$

के धनात्मक मूलों को ज्ञात करने की ज्यामितीय विधियाँ दी हुई हैं। फाउलर ने यह भी लिखा कि इन साध्यों की शैली या विषयवस्तु में ऐसा कुछ विशेष नहीं है, जो इन्हें अन्य साध्यों (जिनका कोई बीजगणितीय उपयोग नहीं है) से अलग करता हो। हम इन दोनों साध्यों से ज्यामितीय संरचना के माध्यम से बीजगणितीय निष्कर्ष प्राप्त कर सकते हैं–

(अ)

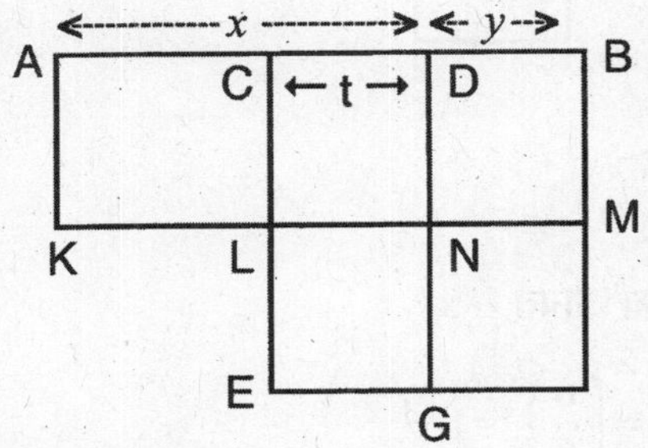

$AB = a, AC = \frac{a}{2}$

यदि x और y दो भाग हैं $(x > y)$ तो

$$CD = t = x - \frac{a}{2}$$

$$= \frac{a}{2} - y$$

अत: $2t = x - y$

i.e. $t = \dfrac{x-y}{2}$

$AC = BC = \dfrac{x+y}{2}$

साध्य 5 के अनुसार–

(i) असमान रेखा खंडों पर बना आयत $= xy$

(ii) दो विभाजक बिंदुओं के मध्य रेखा खंड पर बना वर्ग $= \left(\dfrac{x-y}{2}\right)^2$

(iii) AC का वर्ग $= \left(\dfrac{x+y}{2}\right)^2$

अर्थात $\boxed{xy + \left(\dfrac{x-y}{2}\right)^2 = \left(\dfrac{x+y}{2}\right)^2}$

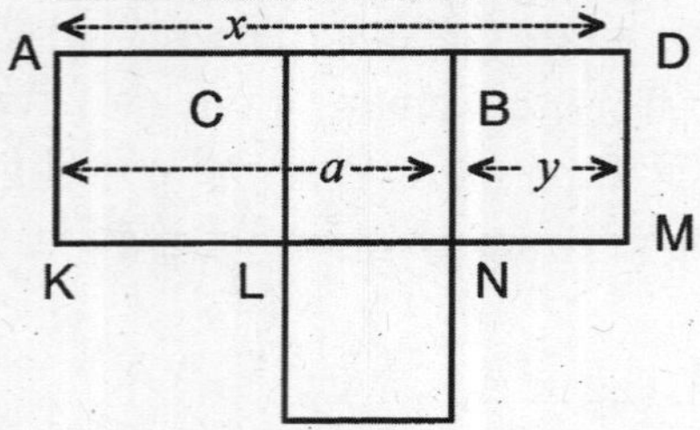

$AB = a,\ BD = y$

$AD = x = AB + BD = a + y$

साध्य 6 के अनुसार–

(1) AD, BD पर बना आयत = xy

(2) AC पर बना वर्ग $= \left(\dfrac{a}{2}\right)^2 = \left(\dfrac{x-y}{2}\right)^2$

(3) BC + BD पर बना वर्ग– $\left(\dfrac{x-y}{2} + y\right)^2 = \left(\dfrac{x+y}{2}\right)^2$

अर्थात $\boxed{xy + \left(\dfrac{x-y}{2}\right)^2 = \left(\dfrac{x+y}{2}\right)^2}$

अपनी प्रसिद्ध पुस्तक 'Science awakening' (vol-I) में van der waerden पूछते हैं–'एक सूत्र के लिए दो साध्य क्यों? यूक्लिड की Data (साध्य 84, 85) में जिस प्रश्न पर विचार किया गया है, वे ही क्रमशः साध्य 5 और 6 की दो स्थितियाँ हैं। वार्डेन के अनुसार–साध्य 5 यथार्थ में दो रेखा-खंडों x और y की रचना का है, जिसके योग $x+y$ और गुणन xy दिए हों तथा साध्य 6 में जिनका अंतर $x-y$ और गुणन xy ज्ञात हों। इस प्रकार के प्रश्नों से बेबीलोनिया के गणितज्ञ भली-भाँति परिचित थे। इसलिए वार्डेन कहते हैं कि : 'मूलतः 11.5 और 11.6 साध्य न होकर प्रश्नों के हल हैं।'

फाउलर ने जिस ओर हमारा ध्यान आकर्षित किया है, उसके लिए–

$$AB = a, AC = BC = \frac{a}{2}$$

साध्य 5 में–

$AD = x, BD = y$ अतः $x + y = a$ और

साध्य 6 में–

$x - y = a$

यदि $CD = t$ हो तो प्रथम स्थिति में $x = \frac{1}{2}a + t$ और $y = \frac{1}{2}a - t$ तथा–

$$xy + t^2 = \left(\frac{1}{2}a\right)^2$$

दूसरी स्थिति में–

$$x = t + \frac{1}{2}a$$

$$y = t - \frac{1}{2}a$$

और $xy + \left(\frac{1}{2}a\right)^2 = t^2$

दोनों ही स्थितियों में आयत xy दो वर्गों के अंतर के रूप में व्यक्त है।

हीथ, फाउलर, झयूथेन, वानडेर वार्डेन और न्यूगेबाउर (Neugebauer) जैसे गणितज्ञों का मानना है कि ग्रीक गणित की प्रविधियों में विचार तो बीजगणितीय हैं पर उनकी संरचनात्मक प्रस्तुति ज्यामितीय है। परंतु एस. उंगुरू (S. Unguru) जैसे गणित के इतिहासज्ञ इस धारणा से असहमत हैं। उनका कहना है कि ग्रीक ज्यामिती विशुद्ध ज्यामिती है–बीजगणित नहीं।

पूर्णांकों (Integers), अभाज्य संख्याओं (Prime numbers) और परिपूर्ण संख्याओं (Perfect numbers) पर यूक्लिड के महत्वपूर्ण निष्कर्ष एलिमेंट्स की 9वीं किताब में दिये गए हैं। इसी किताब के साध्य 14 को अंकगणित के मूलभूत प्रमेय के नाम से जाना जाता है, जिसके अनुसार 1 से बड़े प्रत्येक पूर्णांक को एक और केवल एक ही प्रकार से अभाज्य संख्याओं के गुणन के रूप में व्यक्त किया जा सकता है।

2, 3, 5, 7, 11, 13, 17, 19, 23, 29, 31, 37, 41, 43, 47, 53, 59, 61, 67, 71, 73, 79 आदि अभाज्य संखाएँ हैं।

यूक्लिड के प्रसिद्ध प्रमेय के अनुसार–

अभाज्य संख्याओं की संख्या अनंत है।

अभाज्यों के कुछ गुण-धर्म बहुत सरल और स्पष्ट हैं, जैसे कि–

(i) 2 को छोड़कर शेष सभी अभाज्य विषम हैं।

(ii) 3 को छोड़कर शेष सभी अभाज्यों में अंकों का यौग 3 का गुणक नहीं होगा।

(iii) 5 को छोड़कर शेष सभी अभाज्यों का अंतिम अंक 5 नहीं होगा।

प्राकृतिक संख्याओं में अभाज्यों की उपस्थिति की कोई निश्चित संरचना नहीं पाई जाती। नीचे तालिका में 1 से 10,000 तक की संख्याओं में अभाज्यों की संख्या दर्शायी गई है–

संख्या	अभाज्यों की संख्या
1 से 1000	168
1001 से 2000	135
2001 से 3000	127
3001 से 4000	119
4001 से 5000	118
5001 से 6000	114
6001 से 7000	117
7001 से 8000	106
8001 से 9000	110
9001 से 10,000	111

अभाज्यों को कई प्रकार से लिखा जा सकता है–जैसे 4K+1 अथवा 4K + 3 –

$5 = 4 \times 1 + 1$	अथवा	$7 = 4 \times 1 + 3$
$13 = 4 \times 3 + 1$		$11 = 4 \times 2 + 3$
$29 = 4 \times 7 + 1$		$19 = 4 \times 4 + 3$
$37 = 4 \times 9 + 1$		$23 = 4 \times 5 + 3$
		$31 = 4 \times 7 + 3$...आदि आदि

अभाज्य संख्याओं ने सदा से ही गणितज्ञों को मोहित किया है। जहाँ अभाज्यों को लेकर अनेक रोचक परिणाम प्राप्त किये गए हैं, वहीं बहुत-से प्रश्नों के उत्तर अभी भी प्रतीक्षित हैं–जैसे कि क्या जुड़वाँ अभाज्यों (Twin primes) की संख्या अनंत है? जुड़वाँ अभाज्यों से हमारा तात्पर्य उत्तरोत्तर विषम युग्म पूर्णांक p और p + 2 से है, जो दोनों अभाज्य हों। जैसे की–(3, 5), (5, 7), (11, 13), (17, 19), (29, 31) आदि। कंप्यूटर की सहायता से 1,52,892 जुड़वाँ अभाज्यों को प्राप्त किया गया है। बड़े-से-बड़े जुड़वाँ अभाज्यों की तलाश भी गणितज्ञों को आकर्षित करती रही है। जनवरी 2012 में सबसे बड़े जुड़वाँ अभाज्या प्राप्त किये गए हैं। ये हैं–

$(3,756,801,695685) \times 2^{666669} \pm 1$

इसी क्रम में फर्मा (Fermat) और मर्सीन (Mersenne) संख्याओं की चर्चा प्रासंगिक होगी।

फर्मा (Fermat : 1601-1665) का विश्वास था कि संख्याएँ

$F_n = 2^{2^n} + 1, n = 0, 1, 2, 3, \ldots$ अभाज्य हैं।

$F_0 = 3, F_1 = 5, F_2 = 17, F_3 = 257, F_4 = 65537$ अभाज्य हैं। आयलर (Euler) ने 1732 में सिद्ध किया कि F_5 अभाज्य नहीं है।

$F_5 = 4294967297$ है और 641 इसका एक गुणनखंड है। F_6 भी अभाज्य नहीं है। 1971 में ब्रिल हार्ट और मोरिसन ने 9BM 360-91 कंप्यूटर की सहायता से ज्ञात किया कि–

$F_7 = 340\ 282\ 366\ 920\ 938\ 463\ 463\ 374\ 607\ 431\ 768\ 211\ 457$
$= (566\ 495\ 891\ 274\ 972\ 17) \times (570\ 468\ 9200\ 685\ 1290\ 547\ 21)$

यह भी सिद्ध किया जा चुका है कि F_8 और F_9 भी अभाज्य नहीं हैं।

संख्याओं– $M_n = 2^n - 1, n \geq 1$ को मर्सीन संख्याएँ कहा जाता है। फादर मेरिन मर्सीन (Father Marin Mersenne : 1588-1648) ने 1644 में इन संख्याओं के अभाज्य होने का सनसनीखेज दावा किया था, जो असत्य सिद्ध हुआ। ये संख्याएँ जब

अभाज्य होती हैं तब मर्सीन अभाज्य के नाम से जानी जाती हैं। मर्सीन के अनुसार–

$M_n = 2^n - 1, n = 2, 3, 5, 7, 13, 17, 19, 31, 67, 127$ और 257 के लिए अभाज्य होंगी। मर्सीन आश्चर्यजनक रूप से सत्य के निकट थे। 1947 में यह ज्ञात किया जा सका कि M_{67} और M_{257} अभाज्य नहीं हैं और M_{107} अभाज्य है। अभी तक 30 मर्सीन अभाज्य संख्याएँ ज्ञात की जा चुकी हैं। M_{216091} अब तक ज्ञात सबसे बड़ा मर्सीन अभाज्य है।

यूक्लिड के एलिमेंट्स की 9वीं किताब में परिपूर्ण संख्याओं (Perfect Numbers) की चर्चा की गई है। पाइथेगोरस और उनके शिष्यों के लिए यह खोज कि 6 अपने सभी धनात्मक भाजकों (6 को छोड़कर) के योग के तुल्य है– अत्यंत महत्वपूर्ण थी–

$6 = 1 + 2 + 3$

इसी क्रम में अगली संख्या है–

$28 = 1 + 2 + 4 + 7 + 14$

ऐसी संख्याओं को पाइथेगोरियनों ने परिपूर्ण संख्याओं का नाम दिया था। इन संख्याओं के साथ एक अलौकिक रहस्यमयता प्रारंभ से ही जुड़ी है। संत ऑगस्टिन के अनुसार यद्यपि ईश्वर एक क्षण में ही सारी सृष्टि का निर्माण कर सकता था पर उसने इसके लिए 6 दिन दिए जो उसके कार्य की परिपूर्णता का द्योतक है। बाइबिल की पुरानी मान्यताओं में ब्रह्मांड की परिपूर्णता को 28 से दर्शाया गया है–यह चंद्रमा द्वारा पृथ्वी की परिक्रमा में लगने वाले दिनों की संख्या है।

प्राचीन काल में निम्न चार परिपूर्ण संख्याएँ ज्ञात थीं–

$P_1 = 6,\quad P_2 = 28,\quad P_3 = 496$ और $P_4 = 8128$

ये चारों ही सम संख्याएँ हैं। एक विषम परिपूर्ण संख्या अभी तक प्राप्त नहीं की जा सकी है।

एक धनात्मक पूर्णांक n एक परिपूर्ण संख्या कहलाता है, यदि n को छोड़कर, n के शेष सभी भाजकों का योग n के तुल्य हो।

n के सभी भाजकों का योग $= \sigma(n)$

अतः n को छोड़कर, n के शेष सभी भाजकों का योग $= \sigma(n) - n$

n एक परिपूर्ण संख्या है, अतः $n = \sigma(n) - n$

अथवा $\boxed{\sigma(n) = 2n}$

$n = 6, \sigma(6) = 1 + 2 + 3 + 6 = 2 \times 6$

$n = 28, \sigma(28) = 1 + 2 + 4 + 7 + 14 + 28 = 2 \times 28$

यूक्लिड ने यह सिद्ध किया कि यदि योग

$1 + 2 + 2^2 + 2^3 + ... + 2^{k-1} = p$, एक अभाज्य हो तो $2^{k-1} \times p$ एक परिपूर्ण संख्या होगी।

उदाहरण के लिए–

$1 + 2 + 2^2 = 7$, एक अभाज्य संख्या है, इसलिए

$2^{3-1} \times 7 = 4 \times 7 = 28$ एक परिपूर्ण संख्या है।

यूक्लिड के लगभग 2000 वर्षों बाद आयलर ने सिद्ध किया कि यदि $2^k–1$ अभाज्य हो तो $n = 2^{k-1} \times (2^k–1)$ एक परिपूर्ण संख्या है।

बड़ी-से-बड़ी अभाज्य संख्या खोज निकालने में गणित के अध्येताओं की रुचि आज भी बनी हुई है। अब तक की सबसे बड़ी अभाज्य संख्या 2008 में प्राप्त की गई थी, जो $(2^{43112609} – 1)$ है। इसमें 1, 29, 78, 189 अंक हैं। स्पष्ट है कि $2^{43112608} \times (2^{43112609} – 1)$ एक परिपूर्ण संख्या होगी।

एलिमेंट्स की संपूर्ण संरचना और व्यवस्था हमें यूक्लिड की प्रतिभा से परिचित कराती है। निश्चित ही यूक्लिड की संयोजन क्षमता और सृजनात्मकता मौलिक और विलक्षण रही होगी।

उनके बारे में प्रचलित दो किस्सों से उनके व्यक्तित्व के गुण उजागर होते हैं। 'ज्यामिती में कोई राजमार्ग नहीं होता'–टॉलमी को उनका यह कथन जहाँ गणित की सर्वजनीन व्यापकता को दर्शाता है, वहीं यूक्लिड के साहस, निर्भीकता और स्पष्टवादिता को भी प्रकट करता है। उनका मानना था कि ज्ञान केवल ज्ञान के लिए होता है और गणित का अध्ययन उसके आंतरिक सौंदर्य से परिचित होने के लिए है–उससे लाभ प्राप्त करने के लिए नहीं। तभी तो उन्होंने एक व्यक्ति द्वारा यह पूछे जाने पर कि 'ये प्रमेय किस काम के?' अपने नौकर को आदेश दिया था– 'इस व्यक्ति को कुछ सिक्के दे दो, क्योंकि यह जो सीखता है उससे कमाना चाहता है।' विज्ञान के अध्ययन के प्रति व्यावसायिक दृष्टि को वे हेय और तुच्छता से देखते थे।

पाइथेगोरस (छठी शताब्दी ई.पू.)

बट्रेंड रसेल के शब्दों में–एक निश्चायक और निगमनात्मक तर्क के रूप में गणित–पाइथेगोरस से ही प्रारंभ होता है। रसेल ने पाइथेगोरस को इतिहास का सर्वाधिक रोचक और रहस्यमय व्यक्ति बताते हुए लिखा है–''उन्हें संक्षेप में आइन्स्टाइन और श्रीमती एड्डी का मिला-जुला रूप कहा जा सकता है।'' श्रीमती मेरी बेकर एड्डी (1821-1910) क्राइस्ट साइंटिस्ट चर्च की संस्थापक थीं। उनका व्यक्तित्व अत्यंत रहस्यमय था। उन्हें सम्मोहन और अध्यात्मिक चिकित्सा व्यवस्था में विश्वास था। प्राचीन काल के अनेक गणितज्ञों की भाँति पाइथेगोरस के बारे में हमारी जानकारी बहुत ही कम है। वे सामोस द्वीप के रहनेवाले थे। उस समय सामोस पर पॉलीक्रेटस नामक एक निरंकुश राजा का शासन था। बट्रेंड रसेल के अनुसार, 'पॉलीक्रेटस कला का संरक्षक था। एनाक्रोन उसके दरबार का कवि था। पाइथेगोरस उसके शासन को पसंद नहीं करते थे अतः उन्होंने सामोस छोड़ दिया। ऐसा कहा जाता है और जो असंभव नहीं है कि पाइथेगोरस ने इजिप्ट की यात्रा की हो और अपना अधिकांश ज्ञान वहीं अर्जित किया हो। जो कुछ भी हो, यह निश्चित है कि अंत में वे दक्षिण इटली के क्रोटोन में बस गए।' मॉरिस क्लाइन ने–'पाश्चात्य संस्कृति में गणित' (Mathematics in Western Culture) नामक अपनी प्रसिद्ध पुस्तक में लिखा है–''पाइथेगोरस ने अपना अधिकांश गणित और रहस्यवाद, इजिप्ट और भारत की अपनी वृहत्तर यात्राओं में अर्जित किया।'' यह भी कहा जाता है कि पाइथेगोरस चीन भी गए थे।

क्रोटोन में वे गणित और दर्शनशास्त्र पर व्याख्यान देते थे। उनके व्याख्यान-कक्ष उत्सुक श्रोताओं से ठसाठस भरे होते थे। इसमें आभिजात्य वर्ग के लोग तो होते ही थे साथ ही उस युग की निषेधाज्ञाओं को तोड़ते हुए महिलाएँ भी भारी संख्या में जाती थीं। इन महिलाओं में एक थी–थियेनो–उनके आश्रयदाता मिलो की सुंदर और युवा पुत्री! कहा जाता है पाइथेगोरस ने थियेनो से विवाह किया था। थियेनो ने पाइथेगोरस की एक जीवनी भी लिखी थी, जो अब अप्राप्य है।

क्रोटोन में ही पाइथेगोरस ने अपनी शिष्यमंडली के साथ एक रहस्यात्मक भ्रातृमंडली की स्थापना की थी। इस समुदाय के नियम और मान्यताएँ अत्यंत रहस्यमय थीं। ये लोग विषम संख्याओं को पुरुष और सम संख्याओं को स्त्री का प्रतीक मानते थे। चूँकि उनके समुदाय में अधिकांश सदस्य पुरुष ही थे इसलिए विषम संख्याओं को ईश्वरीय और भाग्यशाली माना जाता था। पाइथेगोरियन सम संख्याओं को अपशकुनी मानते थे। इस प्रकार के अंधविश्वास कई शताब्दियों तक प्रचलित थे। तभी तो शेक्सपियर के एक सुखांत नाटक The merry wives of windsor (रचनाकाल 1594-99) के पाँचवें अंक के प्रथम दृश्य में सर जान फॉलस्टाफ नामक पात्र कहता है– "यह तीसरी बार है। मैं सोचता हूँ कि खुशकिस्मती, विषम अंकों में है। ऐसा कहते हैं कि विषम अंकों में नैसर्गिक या संयोगवश देवत्व होता है।"

पाइथेगोरस और उनके समुदाय को कुछ वर्षों के बाद शहरवासियों के विरोध के कारण क्रोटोन से भागना पड़ा। उन्होंने दक्षिण इटली के ही किसी शहर में शरण ली–जहाँ पाइथेगोरस की मृत्यु हुई। शीघ्र ही वे अलौकिक और जादुई शक्ति संपन्न रहस्यानुष्ठानों के गाथा पुरुष बन गए–परंतु वे एक सशक्त गणितीय विचारधारा के जनक भी थे। आज उनकी स्मृति इन दो परस्पर विरोधी विचारधाराओं के बीच उलझी हुई हम तक आती है। सत्य क्या है, यह कहना बहुत कठिन है।

एक पाइथेगोरियन त्रिभुज–एक समकोण त्रिभुज होता है, जिसकी भुजाएँ x, y और z पूर्णांकों के अनुपात में होती हैं, और पाइथेगोरस के प्रमेय के अनुसार, निम्न प्रतिबंध को संतुष्ट करती हैं–

$$x^2 + y^2 = z^2 \qquad \ldots (1)$$

एक पाइथेगोरियन त्रिक तीन पूर्णांकों का वह समूह है, जो (1) को संतुष्ट करता है। यदि x, y, z में उभयनिष्ठ कुछ भी न हो तो यह त्रिक आद्य (Primitive) कहलाता है। आद्य त्रिकों की रचना किसी पूर्णांक को चुनकर, समीकरण–

$$(z - y)\,(z + y) = x^2 \qquad \ldots (2)$$

को y और z के लिए हल करने का सरल प्रश्न है।

यदि $x = st$, एक विषम संख्या है, तो

$$\left.\begin{aligned} z + y &= s^2 \\ z - y &= t^2 \end{aligned}\right\} \Rightarrow \quad \begin{aligned} z &= \frac{1}{2}\,(s^2 + t^2) \\ y &= \frac{1}{2}\,(s^2 - t^2) \end{aligned}$$

(2) को संतुष्ट करेंगे। यह विधि प्राचीन चीनी गणितज्ञों को ज्ञात थी।

यदि $x = 2p.q$ एक समपूर्णांक है, तो

$$\left.\begin{array}{l} z+y=2p^2 \\ z-y=2q^2 \end{array}\right\} \Rightarrow \begin{array}{l} z=p^2+q^2 \\ y=p^2-q^2 \end{array}$$

यह डायोफेंटस को ज्ञात था।

माना कि (x, y, z) एक आद्य त्रिक है और

$x^2+y^2=z^2$

(i) यदि x, y दोनों ही सम हैं तो z भी सम होगा–अतः आद्य त्रिक में तीनों संख्याएँ सम नहीं होंगी।

(ii) यदि x, y दोनों विषम हैं तो और x^2 और y^2 भी विषम होंगे और z^2 सम अर्थात z एक सम संख्या होगी। परंतु x^2 और y^2 को 4 से विभाजित करने पर शेष 1 बचता है, अतः z^2 को 4 से विभाजित करने पर शेष 2 बचना चाहिए परंतु z एक सम संख्या है, अतः z^2 को 4 से विभाजित करने पर शेष शून्य आएगा–यह विरोधाभास है, अतः त्रिक (x, y, z) में x और y दोनों विषम नहीं हैं।

अर्थात आद्य त्रिक के लिए x और y में से एक सम और दूसरा विषम होगा। सम को x और विषम को y से निरूपित किया जाता है।

पाइथेगोरस और डायोफेंटस के भी पहले बेबीलोनियावासी, इन त्रिकों की गणना से परिचित थे। आइए, कोलंबिया विश्वविद्यालय के प्लिम्पटन संग्रह में क्र. 322 पर रखी हुई मृदा-पट्टिका (clay tablet) देखें। इस पर कीलाक्षर लिपि में स्तंभों और पंक्तियों में कुछ लिखा हुआ है। यह मृदा-पट्टिका ईसा से 1800 से 1650 वर्ष पूर्व हम्मूराबी वंश के राज्यकाल की है। न्यूगेबाउर (Neugebauer) और साख (Sachs) ने 1945 में इस गूढ़लिपि को पढ़ने में सफलता प्राप्त की। उनके निष्कर्ष– Mathematical cuneiform texts नामक पुस्तक में दिये हुए हैं। आश्चर्यजनक रूप से इस पट्टिका पर 15 पाइथेगोरियन त्रिकों का उल्लेख है– जिनमें दो को छोड़कर शेष त्रिक आद्य हैं।

षाष्टिक पद्धति में लिखे गए ये त्रिक हैं–

	x	y	z
1.	2, 0	1, 59	2, 49
2.	57, 36	56, 7	1, 20, 25
3.	1, 20, 0	1, 16, 41	1, 50, 49
4.	3, 45, 0	3, 31, 49	5, 9, 1
5.	1, 12	1, 5	1, 37
6.	6, 0	5, 19	8, 1

7.	45,0	38,11	59,1
8.	16,0	13,19	20,49
9.	10,0	8,1	12,49
10.	1,48,0	1,22,41	2,16,1
11.	1,0	45	1,15*
12.	40,0	27,59	48,49
13.	4,0	2,41	4,49
14.	45,0	29,31	53,49
15.	1,30	56	1,46*

*ये त्रिक आद्य नहीं हैं।

पहली पंक्ति की संख्याएँ हैं–

$2 \times 60 + 0 = 120$

$1 \times 60 + 59 = 119$ $\boxed{(169)^2 = (120)^2 + (119)^2}$

$2 \times 60 + 49 = 169$

दूसरी पंक्ति में–

$57, 36 = 57 \times 60 + 36 = 3456$

$56, 7 = 56 \times 60 + 7 = 3367$

$1, 20, 25 = 1 \times 60^2 + 20 \times 60 + 25 = 4825$

$$\boxed{4825^2 = 3456^2 + 3367^2}$$

11वें और 15वें क्रम पर दिये हुए त्रिक हैं–
(60, 45, 75) और (90, 56, 106)–स्पष्ट है कि ये आद्य नहीं हैं।

इस पट्टिका में दिये हुए त्रिक हैं–
(120, 119, 169), (3456, 3367, 4825), (4800, 4601, 6649)
(13500, 12709, 18541), (72, 65, 97), (360, 319, 481)
(2700, 2291, 3541), (960, 799, 1249), (600, 481, 769)
(6480, 4961, 8161), (60, 45, 75), (2400, 1679, 2929)
(240, 161, 289), (2709, 1771, 3229), (90, 56, 106)

चीन के हान वंश के समय में अनुमानतः 200 ई.पू.-200 ई. के मध्य लिखे गए–Nine chapters on the Mathematical Art नामक ग्रंथ में भी त्रिकों (3, 4, 5), (5, 12, 13), (8, 15, 17), (7, 24, 25) और (20, 21, 29) का उल्लेख मिलता है।

भारत में पाइथेगोरियन त्रिक

ज्यामिती का उद्भव भारत में यज्ञ की वेदी का निर्माण करने के संदर्भ में हुआ था। शुल्बसूत्र भारत की प्राचीन रचनाएँ हैं–जो यज्ञ के लिए वेदियों के निर्माण का वर्णन करती हैं। मूल रूप से ये ज्यामितीय रचनाओं पर केंद्रित हैं। शुल्ब का अर्थ है नापना अथवा नापने की क्रिया। ये शुल्बसूत्र अपने लेखकों के नाम से जाने जाते हैं। इनमें प्रमुख हैं–

बौधायन का शुल्बसूत्र
आपस्तम्ब का शुल्बसूत्र
कात्यायन का शुल्बसूत्र
मनु (मानव) का शुल्बसूत्र

इसमें बौधायन का शुल्बसूत्र सबसे प्राचीन माना जाता है। इन शुल्बसूत्रों का रचना समय 1200 से 800 ई.पू. माना गया है। बौधायन निम्न त्रिकों का उल्लेख करते हैं–

$z-y=1$	$z-y=2$	$z-y=3$
3, 4, 5	8, 15, 17	15, 36, 39
5, 12, 13	12, 35, 37	
7, 24, 25		

अपने एक सूत्र में बौधायन ने विकर्ण के वर्ग का नियम दिया है–

दीर्घचतुरस्रस्याक्ष्णया रज्जुः पार्श्वमानी तिर्यङ्मानी च यत्पृथग्भूते कुरुतस्तदुभयं करोति

एक आयत का विकर्ण उतना ही क्षेत्र इकट्ठा बनाता है जितने कि उसकी लंबाई और चौड़ाई अलग-अलग बनाती हैं। यही तो पाइथेगोरस का प्रमेय है। स्पष्ट है कि इस प्रमेय की जानकारी भारतीय गणितज्ञों को पाइथेगोरस के पहले से थी। दरअसल इस प्रमेय को–**बौधायन-पाइथेगोरस प्रमेय** कहा जाना चाहिए।

आर्किमीदीज (287-212 ई.पू.)

आर्किमीदीज को पुरातन काल की 'एक प्रखरतम मनीषा' निरूपित करते हुए, गणित के इतिहासज्ञ ई.टी. बेल ने उन्हें 'मस्तिष्क से आधुनिक' बताया है। बेल महाशय ने आर्किमीदीज की प्रज्ञा की प्रशंसा करते हुए लिखा है–

"आर्किमीदीज और न्यूटन ने एक-दूसरे को भलीभाँति समझा होता और यदि ऐसा संभव होता कि आर्किमीदीज दीर्घायु होकर गणित और भौतिकी का स्नातकोत्तर पाठ्यक्रम कर रहे होते; तो उन्होंने आइन्स्टाइन, बोहर, हाइजनबर्ग और डिराक को; जितना इन लोगों ने अपने आपको समझा होगा, उससे कहीं बेहतर समझा होता।"

वाल्टेयर ने आर्किमीदीज को होमर से अधिक कल्पनाशील बताया है। एच. डब्ल्यू. टर्नबुल ने अपनी पुस्तक–महान गणितज्ञ (The Great Mathematicians) में आर्किमीदीज के जीवन के बारे में लिखा है–

आर्किमीदीज के जीवन के तथ्यों के बारे में बहुत ही कम मालूम है। खगोलविद फिडियस उनके पिता थे और वे सायरेकूस के सम्राट हेरो-द्वितीय के संबंधी थे, जो निश्चित रूप से उनके मित्र भी थे। युवा आर्किमीदीज ने कुछ समय अलेक्जेंड्रिया (इजिप्ट) में यूक्लिड के उत्तराधिकारियों के साथ बिताया, संभवतया उन्होंने यूक्लिड से भी शिक्षा ली हो। वापस आकर वे सायरेकूस में बस गए जहाँ उन्होंने असाधारण ख्याति अर्जित की। 212 ई.पू. में 75 वर्ष की आयु में, रोमनों द्वारा सायरेकूस की विजय अभियान के दौरान हुए उपद्रवों में उन्होंने अपने प्राण गँवाए।

आर्किमीदीज के जीवन से कहीं ज्यादा जानकारी उनकी मृत्यु के बारे में मिलती है और इसके लिए हम ग्रीक दार्शनिक और जीवनीकार प्लूटार्क (Plutarchus-46-120 AD) के आभारी हैं जिसने रोमन सेनापति मार्सेलुस की जीवनी लिखते हुए प्रसंगवश आर्किमीदीज का भी उल्लेख किया है। 212 ई.पू. में

सेनापति मार्सेलुस के नेतृत्व में रोम के जहाजों ने सायरेकूस पर हमला कर दिया था। आर्किमीदीज के बनाए कई यंत्रों की सहायता से सायरेकूस काफी समय तक न केवल सुरक्षित रहा अपितु रोमन सेना को भारी क्षति पहुँचाने में भी सफल रहा। परंतु अंत में विजय रोमन सेना की हुई। आर्किमीदीज उस समय रेत पर रेखाएँ खींचकर किसी प्रश्न को हल करने में व्यस्त थे। तभी एक रोमन सैनिक की तलवार ने उनका सिर धड़ से अलग कर दिया*। प्लूटार्क के अनुसार आर्किमीदीज की मौत ने मार्सेलुस को अत्यधिक दुख पहुँचाया। व्हाइटहेड (Whitehead) ने टिप्पणी की है–

> एक रोमन सिपाही के हाथों आर्किमीदीज की मौत विश्वव्यवस्था में एक बड़े परिवर्तन का प्रतीक है। रोमन एक महान जाति थी, जो व्यावहारिकता की प्रतीक्षा में अनुर्वरता के लिए अभिशप्त थी। वे प्रकृति की ताकतों पर और अधिक नियंत्रण दे सकने में समर्थ नए वैचारिक दृष्टिकोणों पर पहुँचने वाले स्वप्नदर्शी नहीं थे। किसी भी रोमन सैनिक की मृत्यु गणित की किसी आकृति में डूबकर विचार करते हुए नहीं हुई।

आर्किमीदीज एक गणितज्ञ-ज्यामितीकार तो थे ही साथ ही वे एक निपुण आविष्कर्ता, कुशलयांत्रिकी, श्रेष्ठ पदार्थविद और वास्तुकला विशारद भी थे।

सौभाग्य से उनके लिखे अनेक ग्रंथ आज उपलब्ध हैं। एक वृत्त का क्षेत्रफल उसके अर्द्धव्यास के वर्ग के अनुपात में होता है– $A = \pi_1 r^2$ (π_1 एक अचर राशि है)– यह जानकारी गणितज्ञों को आर्किमीदीज के पहले से थी। उसी प्रकार वृत्त की परिधि और उसके व्यास का आनुपातिक संबंध– $C = \pi_2 d$ (π_2 एक अचर राशि है) भी अत्यंत प्राचीन है। लेकिन यह ठीक-ठीक नहीं कहा जा सकता कि कब यह ज्ञात हुआ कि $\pi_1 = \pi_2 = \pi$, दोनों अचर राशियाँ पृथक न होकर एक ही हैं। 'वृत्त के माप' (Measurement of a Circle) नामक अपने ग्रंथ में आर्किमीदीज ने पहली बार यह सिद्ध किया कि एक वृत्त का क्षेत्रफल–उसकी परिधि के बराबर आधार और अर्द्धव्यास के बराबर ऊँचाई के त्रिभुज के क्षेत्रफल के बराबर होता है।

---

* 1794 में सुप्रसिद्ध रसायनवेत्ता लेवाजिए को फ्राँस में जेकोबियन्स ने गुलेटिन पर चढ़ा दिया था। किसी ने टिप्पणी की थी कि इस सिर को धड़ से जुदा करने में एक क्षण भी नहीं लगा परंतु ऐसा दूसरा मस्तिष्क उत्पन्न करने में सदियाँ लग जाएँगी।

प्रथम विश्वयुद्ध के दौरान तुर्की के मोर्चे पर सुप्रसिद्ध भौतिकशास्त्री मोजले (1887-1915) की दुखद मृत्यु भी इसी शृंखला में याद आती है।

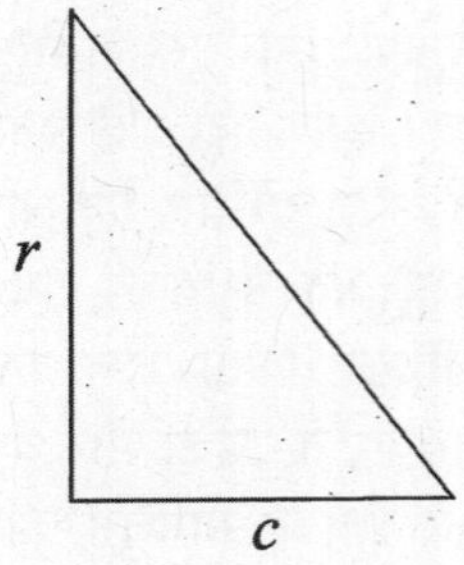

$$A = \frac{1}{2} r.c$$

$$\Rightarrow \pi_1 r^2 = \frac{1}{2} r \pi_2 . 2r$$

i.e. $\pi_1 = \pi_2$

आर्किमीदीज ने यह भी दर्शाया कि,

$$3\frac{10}{71} < 3\frac{284\frac{1}{4}}{2017\frac{1}{4}} < \frac{c}{d} < 3\frac{667\frac{1}{2}}{4673\frac{1}{2}} < 3\frac{1}{7}$$

अर्थात $\frac{223}{71} < \pi < \frac{220}{70}$

अथवा $3.14085 < \pi < 3.14286$

जो निश्चित ही एक उपलब्धि है।

आर्किमीदीज ने ये सीमाएँ निःशेषण की विधि द्वारा प्राप्त की थीं। इस विधि का उपयोग सुकरात के समकालीन एंटीफोन ने वृत्त के वर्गीकरण (Squaring the Circle) के लिए किया था। एंटीफोन ने एक वृत्त के अंदर वर्ग खींचकर–क्रमशः उसकी भुजाएँ बढ़ाते हुए, बहुभुज के क्षेत्र और वृत्त के क्षेत्र के बीच के क्षेत्रफल को निःशेष किया। आर्किमीदीज ने वृत्त के अंदर और बाहर बहुभुज खींचकर दो सीमाएँ प्राप्त कीं।

गणित के आधुनिक विद्यार्थियों को आर्किमीदीज की कृति–On Spheres and Cylinders अत्यंत परिष्कृत और मौलिक प्रतीत होगी। स्वयं आर्किमीदीज को इसके निष्कर्ष इतने रुचिकर थे कि उन्होंने अपने मित्रों से यह अनुरोध किया था कि उनकी समाधि पर एक बेलन के भीतर गोले की आकृति अंकित की जाए। बेलन की ऊँचाई, गोले के व्यास के बराबर हो। आर्किमीदीज ने यह दर्शाया था कि

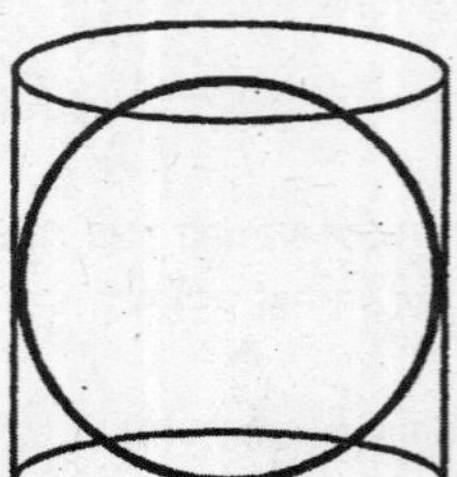

गोले का आयतन और क्षेत्रफल बेलन के आयतन और क्षेत्रफल का 2/3 होगा। रोमन सेनापति मार्सेलुस के सौजन्य से आर्किमीदीज की यह इच्छा पूरी हुई। आर्किमीदीज की मृत्यु के लगभग 100 वर्षों बाद सिसरो ने इस समाधि को ढूँढ़ निकाला था–जो उपेक्षित, गुमनामी और बदहाली की स्थिति में थी। सिसरो ने उसका जीर्णोद्धार भी करवाया। परंतु आज इस समाधि

का कोई अता-पता नहीं है। मध्ययुग में हुए आक्रमणों के कारण यह नष्ट हो गई।

अपनी अद्वितीय यांत्रिक-निपुणता और आविष्कार-क्षमता के बावजूद आर्किमीदीज मस्तिष्क से एक प्रखर गणितज्ञ और हृदय से ज्यामितीकार थे। निश्चित ही उनमें गजब का आत्मविश्वास रहा होगा–तभी तो उन्होंने कहा था–'मुझे खड़े रहने की जगह मिल जाए तो मैं सारी पृथ्वी को हिला सकता हूँ।'

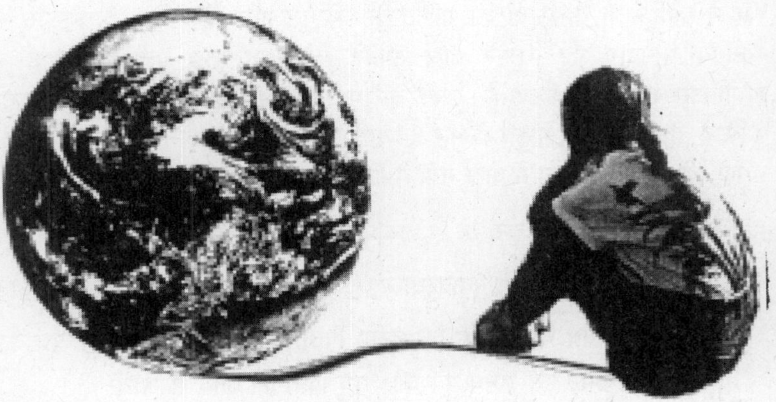

डायोफेंटस (Diophantus-3 AD)

अलेक्जेंड्रिया के अंतिम प्रतिभाशाली और ग्रीको-रोमन युग के सर्वश्रेष्ठ बीजगणितज्ञ के रूप में डायोफेंटस के कार्यों का गणित के इतिहास और बीजगणित के विकास में अप्रतिम योगदान है। थियोन और उनकी विदुषी गणितज्ञ पुत्री–हाइपेशिया ने डायोफेंटस का उल्लेख किया है। उनके बारे में इतना निश्चित रूप से कहा जा सकता है कि वे तीसरी शताब्दी में हुए थे और 84 वर्षों की आयु तक जीवित रहे–जैसा कि ग्रीक संग्रहों की एक विनोदिका में कहा गया है–जिसका भावार्थ कुछ इस प्रकार है–

यहाँ कब्र में विश्राम कर रहे हैं डायोफेंटस, जिन्होंने अपनी आयु का $\frac{1}{6}$ भाग बाल्यावस्था में, $\frac{1}{12}$ भाग युवावस्था में, $\frac{1}{7}$ भाग पत्नीविहीन अवस्था में बिताया। विवाह के 5 वर्ष बाद उनके पुत्र हुआ, पिता की मृत्यु से 4 वर्ष पूर्व पुत्र का निधन हुआ और उस समय पुत्र की आयु पिता की आयु से आधी थी।

अर्थात $\frac{x}{6}+\frac{x}{12}+\frac{x}{7}+5+\frac{x}{2}+4=x$

i.e. $9x = 756$ $\qquad\qquad \therefore x = 84$

जीवन के इन 84 वर्षों में किये गए उनके कार्यों के फलस्वरूप गणित जगत में उन्हें 'बीजगणित के जनक' के रूप में जाना जाता है। डायोफेंटस ने ज्यामितीय संरचनाओं से मुक्त-सांकेतिक और गणनात्मक पद्धति से समीकरणों एवं सर्वसमिकाओं से जुड़े हुए प्रश्नों के हल दिए। उन्होंने ही संकेतों की सहायता से समीकरणों को लिखने की पद्धति का विकास किया। 'एरिथमेटिका' उनका विख्यात ग्रंथ है। कहा जाता है कि इसके 13 खंड थे। परंतु अभी केवल 6 ही उपलब्ध हैं। 1970 में चार और खंडों के अरबी अनुवाद प्राप्त हुए हैं। बीजगणित की यह भव्य कृति संत डायोन्सियुस को समर्पित है–जो 247 AD में अलेक्जेंड्रिया के बिशप थे। समर्पण इन शब्दों के साथ प्रारंभ होता है–

''सम्माननीय डायोन्सियुस, यह जानकर कि आप संख्याओं के अध्ययन में रुचिपूर्वक प्रयासरत हैं, मैंने उनकी आधारशिला से प्रारंभ कर संख्याओं की प्रकृति

और शक्ति की विवेचना की है। अभी तक अज्ञेय होने के कारण यह विषय जितना कि नहीं है उससे कहीं ज्यादा जटिल लगता है। प्रारंभिक अध्येता (नौसिखिये) शीघ्र ही अपना धैर्य खो सकते हैं। आपके उत्साह और मेरी विवेचनाओं के फलस्वरूप आपके लिए इसे समझना सरल होगा।''

'एरिथमेटिका' में 189 प्रश्न और उनके समाधान हैं। पहले खंड के लगभग सभी प्रश्न समीकरणों–

$$as = b \quad \text{या} \quad as^2 = b$$

पर आधारित हैं। शेष खंडों में अनिर्णेय समीकरणों की चर्चा की गई है। इन्हीं समीकरणों को डायफेंटाइन समीकरणों के नाम से जाना जाता है। डायोफेंटस ने समीकरणों के केवल एक ही मूल ही चर्चा की है।

उदाहरण–(एरिथमेटिका-खंड 2, प्रश्न 9)

''एक दी हुई संख्या को–जो दो वर्गों का योग है, दो अन्य वर्गों के योग के रूप में विभाजित करना''

माना कि संख्या है $13 = 2^2 + 3^2$

एक वर्ग की भुजा– $s + 2$ और दूसरे की $2s - 3$ लो।

$(s + 2)^2 + (2s - 3)^2 = 5s^2 - 8s + 13 = 13$

अतः $s = \frac{8}{5}$

$(s + 2)^2 = \frac{324}{25}, (2s - 3)^2 = \frac{1}{25}$ और इनका योग है 13

हम जानते हैं कि डायफेंटाइन समीकरण–

$$ax + by = c$$

का हल तभी होता है जब $d|c; d = (a, b)$

समीकरण–

$$172x + 20y = 1000$$

को लीजिए।

$$\begin{aligned} 172 &= 8 \times 20 + 12 \\ 20 &= 1 \times 12 + 8 \\ 12 &= 1 \times 8 + 4 \\ 8 &= 2 \times 4 \end{aligned}$$

अतः $(172, 20) = 4$ और $4/1000$

इसलिए समीकरण का हल ज्ञात किया जा सकता है।

अब $4 = 12 - 8$

$$= 12 - (20 - 12)$$
$$= 2 \times 12 - 20$$
$$= 2 \times (172 - 8 \times 20) - 20$$
$$= 2 \times 172 - 17 \times 20$$

250 से गुणा करने पर

$1000 = 500 \times 172 + (-4250) \times 20$

अर्थात $x = 500$ और $y = 4250$

प्रथम खंड के 24वें प्रश्न को किंचित परिवर्तन के साथ निम्न रूप में लिखा जा सकता है–

तीन संख्याओं को ज्ञात करो; यदि प्रथम संख्या और शेष दो का एक-तिहाई, दूसरी संख्या और शेष दो का एक-चौथाई और तीसरी संख्या और शेष दो का पाँचवाँ भाग–तीनों बराबर हों।

लगभग यही प्रश्न 15वीं शताब्दी के इटेलियन गणितज्ञ लुका पाकिओलि और पीट्रोबोंगी ने भी दिया है। तारतागलिया ने भी इसका उल्लेख किया है।

डायोफेंटस मान लेते हैं कि– $y + z = 3$

$\therefore x + y + z = x + 3$

(i) $x + \dfrac{y+z}{3} = x + 1$

(ii) $y + \dfrac{x+z}{4} = x + 1$

(iii) $z + \dfrac{x+y}{5} = x + 1$

$$\therefore z = x + \frac{1}{2}$$

$$y = x + \frac{1}{3}$$

अतः $x = \dfrac{13}{12}$

$$y = \frac{17}{12}$$

$$z = \frac{19}{12}$$

अतः तीन संख्याएँ 13, 17 और 19 के अनुपात में होंगी। यूरोप के पुनर्जागरण में डायोफेंटस की उपस्थिति निश्चित ही एक सशक्त वैज्ञानिक प्रवाह के रूप में थी– जिससे बाम्बेली (Bombelli), वाइटा (Vieta) और फर्मा (Fermat) जैसे गणितज्ञों ने प्रेरणा प्राप्त की।

1621 में डायोफेंटस की इस मशहूर किताब का लैटिन अनुवाद प्रकाशित हुआ, जिसकी एक प्रति संयोग से फर्मा के हाथ लग गई। उसी प्रति के एक पृष्ठ के हाशिए से शुरू हुई फर्मा के अंतिम प्रमेय की रोचक और रोमांचक कहानी जिसका पटाक्षेप 23 जून, 1993 को हुआ। इसे एंड्रयू विल्स ने हल किया–

तीन सदी तक हल न हुआ जो
बना रहा दुष्कर अजेय
सिद्ध हो गया अब वही
फर्मा का अंतिम प्रमेय

एंड्रयू विल्स (Andrew Wiles) का जन्म 11 अप्रैल, 1953 को कैम्ब्रिज (इंग्लैंड) में हुआ था। उन्होंने ऑक्सफोर्ड विश्वविद्यालय के सेरटोन कॉलेज से स्नातक (1974) और कैम्ब्रिज के क्लेर कॉलेज से पी-एच.डी. (1980) की उपाधियाँ प्राप्त कीं। वे अमेरिका के Institute of Advanced Study (Princeton) से भी संबद्ध हैं। 1989 में उन्हें रॉयल सोसाइटी (लंदन) का सदस्य चुना गया। 1989 में उन्हें वॉल्फ पुरस्कार और 1997 में फ्रेंक नेल्सन कोल पुरस्कार से सम्मानित किया जा चुका है। फर्मा के अंतिम प्रमेय पर उनका कार्य शोधपत्र के रूप में प्रकाशित हुआ है–

Modular elliptic curves and Fermat's Last theorem—Ann. of Mathematics. 141 (1995) 443-551.

एंड्रयू विल्स का कार्य अत्यंत मौलिक और गवेषणात्मक रूप से जटिल है। यह एक व्यक्ति के अध्यवसाय, लगन और बरसों की एकाकी साधना की कीर्तिगाथा है।

आर्यभट

आर्यभट का जन्म 476 ई. में हुआ था।

उस समय उत्तरी भारत में गुप्त वंश के सम्राट बुधगुप्त का शासन था। गुप्त-साम्राज्य का समय भारत के इतिहास में स्वर्णयुग के नाम से जाना जाता है। संस्कृत नाटक–'कौमुदी महोत्सव' में गुप्त वंश के प्रारंभिक वर्षों का नाटकीय वर्णन है। 'भविष्योत्तर पुराण' में भी इन्हीं प्रारंभिक वर्षों का चित्रण है। गुप्त वंश का समय कला, साहित्य और संगीत के क्षेत्रों में उल्लेखनीय सृजनात्मक उपलब्धियों का था। इस युग में 18 पुराणों की रचना हुई। ये पुराण हिंदू पौराणिक गाथाओं के वृहत् संकलन के साथ ही प्राचीन राजवंशों की वंशावलियों के रूप में महत्वपूर्ण ऐतिहासिक संदर्भ ग्रंथ भी हैं। वसुबंधु और दिग्नाग जैसे प्रसिद्ध बौद्ध दार्शनिक भी इसी युग में हुए थे। कालिदास ने 'मेघदूत' में (दिग्नागानां पथिपरिहरन) दिग्नाग का उल्लेख किया है और धर्मकीर्ति की टीकाओं में भी दिग्नाग की प्रतिभा की प्रशंसा की गई है। जयशंकर प्रसाद के नाटक–*ध्रुवस्वामिनी* और *स्कंदगुप्त* भी गुप्त साम्राज्य की घटनाओं पर ही केंद्रित हैं। इसी युग में भवभूति ने *उत्तररामचरित* और *मालती माधव,* भारवि ने *किरातार्जुनीयम,* माघ ने *शिशुपालवध,* हर्ष ने *रत्नावली* और *नागानंद,* बाण ने *हर्षचरित* और *कादम्बरी,* दंडी ने *दशकुमारचरित* और सुबंधु ने *वासवदत्ता* जैसी कालजयी कृतियों की रचना की थी। संस्कृत व्याकरण की सुप्रसिद्ध पुस्तक *वाक्यपदीय* भी इसी युग की रचना मानी जाती है। संस्कृत के अलावा इस युग में पाली और प्राकृत भाषाओं में भी अनेक ग्रंथों की रचना हुई।

यद्यपि गुप्तशासक भागवत धर्मावलंबी थे पर उनके शासन में शैव, बौद्ध और जैन धर्मों का भी विकास हुआ। इसी समय में चित्रकला, वास्तुकला और स्थापत्य की नई शैलियों का आविर्भाव हुआ। गुफाओं की आकृति में चैत्यों एवं मंदिरों का निर्माण, अजंता, बाघ एवं बादामी की चित्रकला तथा बुद्ध, विष्णु और लक्ष्मी की अनेक मूर्तियाँ इसका प्रमाण हैं। गुप्त युग में नालंदा विश्वविद्यालय शिक्षा का विश्व-विश्रुत केंद्र था। यहाँ नेपाल, चीन, जापान, सियाम, बर्मा, श्रीलंका और अफगानिस्तान से विद्यार्थी आते थे। चीनी यात्रियों–फाह्यान, हुएन सांग और इत्सिंग के यात्रा विवरणों से इस युग की समृद्धि, कृषि एवं प्रशासकीय व्यवस्था

तथा जन-सामान्य की स्थितियों की जानकारी मिलती है।

समृद्धि और ऐश्वर्य से भरपूर तथा सृजनात्मक उपलब्धियों से परिपूर्ण ऐसे युग में आर्यभट का जन्म हुआ था। उन्हें सही अर्थों में भारतीय इतिहास के इस महायुग का सारा बौद्धिक वैभव विरासत में प्राप्त हुआ था। भास्कर (प्रथम) ने उन्हें नमन करते हुए 'लघुभास्करीय' में लिखा है–

> उन आर्यभट की जय हो (जयत्यार्य भट) जिनका ज्योतिष शास्त्र बहुत काल तक सुदूर देशों में फल देता है और जिनका सुंदर यश सागर के पार तक पहुँच गया है। आर्यभट के अलावा अन्य कोई ग्रहों की गति जानने में समर्थ नहीं है। अन्य लोग गहन अंधकार के समुद्र में घूम रहे हैं।

'महाभास्करीय' में भास्कर ने आर्यभट के ज्ञान को तप से प्राप्त हुआ (तपोभिराप्त) कहकर उनकी प्रशंसा की है। अनेक परवर्ती विद्वानों और ज्योतिषाचार्यों ने आर्यभट के लिए–श्रीमद्भट, प्रभो और भगवानार्यभट जैसे आदरसूचक संबोधनों का प्रयोग किया है।

वे एक क्रांतिकारी गणितज्ञ और ज्योतिषविद थे। उन्होंने पारंपरिक ज्ञान में आवश्यक संशोधन कर उसे व्यवस्थित किया और नए तथा मौलिक निष्कर्ष भी प्राप्त किए–

(1) आर्यभट ने सत, त्रेता, द्वापर और कलियुग को समान वर्षों की कालावधि में विभाजित किया। उनके पूर्व इन युगों की अवधि 4 : 3 : 2 :1 वर्षों के अनुपात में मानी जाती थी। उन्होंने काल विभाजन का सरल और संगत गणितीय प्रारूप प्रस्तावित किया, जिसके अनुसार–

1 कल्प = 14 मनु

1 मनु = 72 महायुग

1 महायुग = 43,20,000 वर्ष

उन्होंने महायुग को 10,80,000 वर्षों के चार समान युगों में विभाजित किया।

(2) उन्होंने स्वरों और व्यंजनों की सहायता से बड़ी-बड़ी संख्याओं के लिखने की सांकेतिक पद्धति आविष्कृत की।

(3) उन्होंने अपने पूर्ववर्ती गणितज्ञों की तुलना में π का सटीक और अधिक सही मान ज्ञात किया...

चतुरधिकं शतमष्टगुणं द्वषस्टिस्तथा सहस्राणाम्।
अयुतद्वय विषकम्भस्यासन्नो वृत्तपरिणाहः ॥

जिसके अनुसार $\pi = \dfrac{62,832}{20,000} = 3.1416$

आर्यभट प्रथम भारतीय गणितज्ञ हैं, जिन्होंने यह मान दशमलव के बाद चार अंकों तक शुद्ध ज्ञात किया। इस मान को भी वे आसन्न (approximate) कहते हैं।

(4) उन्होंने 3° 45' के अंतर पर ज्यासारणियाँ विकसित कीं।

(5) उन्होंने प्रतिपादित किया कि पृथ्वी अपने अक्ष पर पूर्व से पश्चिम की ओर घूमती है।

(6) उन्होंने ग्रहण के लिए प्रचलित राहु-केतु की मान्यताओं को नकारते हुए, सूर्य तथा चंद्रग्रहण की सही गणितीय व्याख्या प्रस्तुत की–

छादयति शशी सूर्यं शशिनं महती च भूच्छाया–सूर्यग्रहण के अवसर पर सूर्य को चंद्रमा ढक लेता है और चंद्रग्रहण के अवसर पर पृथ्वी की बड़ी छाया चंद्रमा को ढक लेती है।

उनके कई क्रांतिकारी एवं मौलिक निष्कर्षों के लिए, आर्यभट के उत्तराधिकारियों ने, विशेषकर ब्रह्मगुप्त ने उनकी निंदा भी की है। ब्रह्मगुप्त ने लिखा है–

आर्यभटो जानाति ग्रहाष्टगतिं यदुक्तवांस्तदसत

(यह जो कहा है कि आर्यभट आठ ग्रहों की गति को जानता है, वह ठीक नहीं है।)

आर्यभट द्वारा की गई ग्रहण की व्याख्या भी परवर्ती ज्योतिषविदों द्वारा अस्वीकार कर दी गई। पृथ्वी के भ्रमण के उनके सिद्धांत को गोविन्दस्वामी ने 'मिथ्या ज्ञान' कहा और वराहमिहिर ने 'भ्रमति भ्रमस्थितेव' कहते हुए उसे अग्राह्य कर दिया। यही नहीं अप्पय दीक्षित (1530-1600) जैसे सुप्रसिद्ध व्याकरणाचार्य ने कहा–

'आर्यभटघभिमत् भूभ्रमणादिवादानां श्रुति न्याय विरोधेन हेयत्वात'

अर्थात–पृथ्वी के भ्रमण संबंधी आर्यभट के सिद्धांत शास्त्रों के विरुद्ध हैं, अतः निंदनीय हैं।

जब भारत में अप्पय दीक्षित जैसे विद्वान आर्यभट के सिद्धांतों को हेय बतला रहे थे तब उधर पश्चिम में पुनर्जागरण के सूत्रपात के साथ एक नए वैज्ञानिक युग का प्रारंभ हो रहा था।

आर्यभट का जन्म और स्थान

आर्यभट ने अपने जन्म के समय के बारे में इंगित करते हुए लिखा है–

षष्टयब्दानांषष्टिर्यदा व्यतीतास्त्रयश्चयुगपादाः।
त्रयाधिका विंशतिरब्दास्तदेह मम जन्मनोऽतीताः ॥

अर्थात–साठ वर्षों की साठ अवधियाँ तथा युग के तीन पाद जब व्यतीत हो गए थे

तब मेरे जन्म के पश्चात 23 वर्ष हो चुके थे। इसके अनुसार कलियुग के 3600 वर्ष व्यतीत होने पर आर्यभट की आयु 23 वर्ष की थी। भारतीय ज्योतिषियों के अनुसार शककाल का प्रारंभ 3179 कलि से होता है। इस प्रकार 421 शक अर्थात 499 ई. में आर्यभट की आयु 23 वर्ष की थी। अतः उनका जन्म 476 ई. में हुआ था।

यद्यपि आर्यभट ने अपने जन्मस्थान के बारे में कोई उल्लेख नहीं किया है, पर उन्होंने कुसुमपुर (पाटलिपुत्र या आधुनिक पटना) का उल्लेख करते हुए लिखा है–

आर्यभटस्त्विह निगदति कुसुमपुरेऽभ्यार्चित ज्ञानम्

(आर्यभट कुसुमपुर में अतिशयपूजित ज्ञान का वर्णन करता है।)

अल-बरूनी ने भी कुसुमपुर के आर्यभट का उल्लेख किया है। इससे यह प्रतीत होता है कि आर्यभट कुसुमपुर में निवास करते थे। परमेश्वर (1431) ने 'कुसुमपुराख्येऽस्मिन्देशे' कहकर इसकी पुष्टि की है। भास्कर प्रथम और नीलकंठ के अनुसार आर्यभट अश्मक जनपदीय थे। नर्मदा और गोदावरी के मध्य जनपद का अश्मक प्रदेश के रूप में उल्लेख–पाणिनि की अष्टाध्यायी, वाल्मीकि रामायण, महाभारत और वराहमिहिर की वृहत्संहिता में मिलता है। संभव है कि आर्यभट का जन्म दक्षिण भारत के अश्मक जनपद में हुआ हो और फिर वे कुसुमपुर (पाटलिपुत्र) में रहने लगे हों। अनेक विद्वानों का यह भी मानना है कि आर्यभट नालंदा विश्वविद्यालय से कुलप (कुलपति) के रूप में संबद्ध थे।

आर्यभट की रचनाएँ

कहा जाता है कि आर्यभट ने–*आर्यभटीय, आर्यभट सिद्धांत* और *सूर्य सिद्धांत प्रकाश* नाम से तीन ग्रंथों की रचना की थी। इसके अतिरिक्त अनेक श्लोक उनके नाम से प्रचलित हैं। पर उनकी एकमात्र उपलब्ध कृति *आर्यभटीय* है–जिसके कारण उनका नाम भारतीय ज्योतिष और गणित के इतिहास में अमर है।

आर्यभटीय–एक भव्य और मनोरम ग्रंथ है। यह प्रथम पौरुषेय ज्योतिष ग्रंथ के रूप में भी जाना जाता है। इसमें कुल 121 श्लोक (पद) हैं। आर्यभटीय अपनी संक्षिप्त; सटीक और सूत्रात्मक अभिव्यक्ति के लिए प्रसिद्ध है। यह चार अध्यायों में विभाजित है–

गीतिकापाद–13 श्लोक
गणितपाद–33 श्लोक
कालक्रियापाद–25 श्लोक
गोलपाद–50 श्लोक

गीतिकापाद के 10 श्लोक गीतिका छंद में हैं, इसलिए इसे दशगीतिकापाद भी

कहा जाता है। इसमें परिभाषाएँ दी गई हैं और ज्योतिषीय प्राचलों एवं ज्या सारणियों की चर्चा की गई है। इसमें काल की इकाइयों और ग्रहों की स्थितियों की विवेचना है। *गणितपाद* में अंकगणित एवं बीजगणित संबंधी निष्कर्ष हैं। *कालक्रियापाद* में समय की विभिन्न इकाइयों एवं ग्रहों की स्थितियों का विवेचन है। *गोलपाद* में सूर्य, चंद्रमा एवं अन्य ग्रहों की गति संबंधी विश्लेषण है।

आर्यभटीय की लोकप्रियता एवं संपूर्ण भारत में उसकी बौद्धिक स्वीकृति का प्रमाण उस पर लिखी गई टीकाओं से मिलता है। कुछ प्रमुख टीकाओं की चर्चा नीचे की जा रही है–

आर्यभटीय की टीकाएँ

आर्यभटीय पर लिखी टीकाओं में सर्वाधिक प्रचलित एवं प्रसिद्ध टीका भास्कर प्रथम की *महाभास्करीय* है जो 629 ई. में लिखी गई। शंकरनारायण (869 ई.) ने इसकी प्रशस्ति में कहा, 'आर्यभट के बारे में सब कुछ जानने की इच्छा रखनेवाले को यह टीका पढ़ना चाहिए।' भास्कर ने अपनी टीका में कई स्थान पर आचार्य प्रभाकर को उद्धृत किया है। इससे प्रतीत होता है कि भास्कर-प्रथम के पूर्व प्रभाकर ने आर्यभटीय पर टीका लिखी थी–जो अब उपलब्ध नहीं है। शंकरनारायण, उदय दिवाकर (1073 ई.), सूर्यदेव (1191 ई.) ने भी प्रभाकर की टीका का उल्लेख किया है। सोमेश्वर ने अपनी टीका में श्लोकों की व्याख्या करते हुए, कई नए उदाहरण भी दिए हैं। आर्यभट के सिद्धांतों की श्रेष्ठ व्याख्या सूर्यदेव यज्व की टीका–*आर्यभट प्रकाश* अथवा *आर्यभट प्रकाशिका* में पाई जाती है। 15वीं शताब्दी के केरल के ज्योतिषाचार्य परमेश्वर ने सूर्यदेव की टीका का उपयोग करते हुए *आर्यभटीय* की संक्षिप्त परंतु उत्तम व्याख्या अपनी टीका में प्रस्तुत की। नीलकंठ सोमयाजी (1500 ई.) की टीका-महाभाष्य अपने ऐतिहासिक संदर्भों के साथ-साथ ज्योतिष में अद्यतन संशोधनों के लिए जानी जाती है। कर्नाटक के रघुनाथ राजा (1597 ई.), आंध्रप्रदेश के विरुपाक्ष के पुत्र माधव एवं भूतिविष्णु की टीकाएँ भी उल्लेखनीय हैं।

आर्यभटीय में बीजगणित

यद्यपि शुल्बसूत्रों और बक्षाली की पांडुलिपि में भारतीय बीजगणित का प्रारंभिक एवं आद्य स्वरूप दिखाई देता है, परंतु आर्यभट के समय से बीजगणित एक स्वतंत्र शाखा के रूप में विकसित हुआ। प्रो. एस. अंसारी के अनुसार आर्यभट ऐसे प्रथम व्यक्ति हैं जिन्हें भारत में बीजगणित का जनक कहा जा सकता है। गणित पाद के 13वें और 25वें श्लोक में अज्ञात राशियों के मान ज्ञात करने की और वर्ग समीकरण को हल

करने की प्रविधियाँ दी हुई हैं–जिनके आधार पर यह निश्चित कहा जा सकता है कि बीजगणित का गणित की एक स्वतंत्र शाखा के रूप में प्रारंभ और विकास आर्यभट से होता है। ब्रह्मगुप्त ने समीकरण हल करने की प्रक्रिया को कुट्टक गणित की संज्ञा दी थी तो पृथदुक स्वामी ने इसे बीजगणित कहा।

(1) आर्यभट संभवतया पहले गणितज्ञ हैं, जिन्होंने यह सूत्र दिया–

$$a+(a+d)+.....+[a+(n-1)\,d]$$

$$=\frac{n}{2}\,[2a+(n-1)\,d]$$

इष्टं व्येकं दलितं सपूर्वमुत्तरगुणं समुखमध्यम् ।
इष्टगुणितमिष्टंधनं त्वयवाद्यन्तं पदार्धहतम् ॥

–गणितपाद : 19

भास्कर प्रथम ने इस श्लोक में विभिन्न संयोगों से प्राप्त कई सूत्रों का उल्लेख अपनी टीका में किया है, जैसे–

(अ) n-पदों के अंकगणितीय मध्यमान (Arithmetic mean) का सूत्र–

$$a+\frac{n-1}{2}\,d$$

(ब) n-पदों के योग का सूत्र–

$$\frac{1}{2}\,n\,(A+L)$$

यहाँ A– प्रथम पद और L– अंतिम पद है।

आर्यभट ने पदों की संख्या ज्ञात करने का सूत्र भी दिया है। भास्कर और परमेश्वर ने अपनी टीकाओं में इनके उदाहरण दिए हैं।

(2) गणितपाद के श्लोक 21 में आर्यभट ने श्रेणी–

$$1+(1+2)+(1+2+3)+.....$$

के n-पदों के योग के सूत्र दो प्रकार से दिए हैं। यदि योग S है तो, आर्यभट के अनुसार–

$$S=\frac{n\,(n+1)\;(n+2)}{6}\text{ और}$$

$$=\frac{(n+1)^3-(n+1)}{6}$$

भास्कर ने लीलावती में इन सूत्रों को उद्धृत करते हुए, निम्न उदाहरण दिया है–

एकादीनां नवांतानां पृथक संकलितान मे।
तेषां संकलितैक्यानि प्रचक्ष्व गणक द्रुतम् ॥

हे गणना प्रवीण मुझे प्रथम नौ प्राकृतिक संख्याओं का योग और उनका संकलित योग बताओ।

$$1+2+3+4+5+6+7+8+9=\frac{1}{2}\,9(9+1)=45$$

$$1+(1+2)+(1+2+3)+.....+(1+2+3+4+5+6+7+8+9)$$

$$=\frac{9(9+1)(9+2)}{6}=165$$

(3) आर्यभट ने गणितपाद में ΣN^2 और ΣN^3 के निम्न सूत्र दिए हैं–

$$\Sigma N^2 = 1^2+2^2+3^2+....+n^2=\frac{n(n+1)(2n+1)}{6}$$

$$\Sigma N^3 = 1^3+2^3+3^3+....+n^3=\left(\frac{n(n+1)}{2}\right)^2$$

(4) ***आर्यभटीय में समीकरण***–आर्यभट अज्ञात राशि के लिए 'गुलिका' शब्द का प्रयोग करते हैं, वे लिखते हैं–

गुलिकान्तरेण विभजेद द्वयोः पुरुषयोस्तु रूपकविशेषम्।
लब्धं गुलिकामूल्यं यद्यर्थकृतं भवति तुल्यं ॥

–गणितपाद : 30

दो व्यक्तियों की ज्ञात रकमों के अंतर को अज्ञात के गुणांक के अंतर से भाग देना चाहिए। यदि उनकी रकमें बराबर हों तो भजनफल अज्ञात राशि होगी।

बीजगणित की भाषा में, यदि–

$$ax+b=cx+d$$

तो $x=\dfrac{d-b}{a-c}$

परमेश्वर ने अपनी टीका में इस सूत्र का निम्न उदाहरण दिया है–

दो व्यापारी हैं। एक के पास 100 रुपये और 6 गायें हैं तथा दूसरे के पास 60 रुपये और 8 गायें हैं। यदि उनके पास समान संपत्ति हो तो एक गाय का मूल्य कितना है?

यहाँ ज्ञात राशि रुपये और अज्ञात राशि गाय का मूल्य (x) है।

अतः $x = \dfrac{\text{ज्ञात राशियों का अंतर}}{\text{अज्ञात राशियों का अंतर}} = \dfrac{100-60}{8-6} = 20$

अर्थात एक गाय का मूल्य 20 रुपया है।

आर्यभट एक से अधिक अज्ञात राशियों के लिए भी नियम देते हैं।

आर्यभट ने युगपत वर्ग समीकरण–

$$x - y = a$$
$$xy = b$$

का हल दिया है। वे लिखते हैं–

"दो संख्याओं के गुणनफल के चार गुने से उनके अंतर के वर्ग को जोड़ें। प्राप्त राशि के वर्गमूल में अंतर को जोड़ें (घटाएँ)–और फलों का आधा करने पर दोनों राशियाँ प्राप्त होंगी।"

–गणितपाद : 24

अर्थात $x = \dfrac{\sqrt{4b + a^2} + a}{2}$

$$y = \frac{\sqrt{4b + a^2} - a}{2}$$

भास्कर ने इसका निम्न उदाहरण दिया है–

दो संख्याओं का गुणनफल 8 और अंतर 2 है, तो संख्याएँ ज्ञात करो।

यहाँ $x - y = 2$ और $xy = 8$ है, इसलिए

$x = \dfrac{\sqrt{4 \times 8 + 4} + 2}{2}$ तथा $y = \dfrac{\sqrt{4 \times 8 + 4} - 2}{2}$

अर्थात $x = 4, y = 2$

परमेश्वर ने भी इसके कई उदाहरण दिए हैं।

आर्यभटीय में वर्ग समीकरण को हल करने की विधि ब्याज की दर के प्रसंग में गणितपद के श्लोक 25 में दी गई है। उनका यह कार्य बीजगणित की नींव रखने जैसा ही माना जाता है और इसीलिए उन्हें बीजगणित के स्थापक के रूप में जाना जाता है।

आर्यभट; अनिधरिय समीकरणों को हल करने की प्रविधि, जिसे कुट्टकार की प्रक्रिया कहा जाता है, देने वाले विश्व के प्रथम गणितज्ञ हैं। इस प्रकार के समीकरणों

को हल करने का श्रेय डायोफेंटस को दिया जाता है। यह एक ऐतिहासिक भूल है। यथार्थ में इसका श्रेय आर्यभट को दिया जाना चाहिए। गणितपाद को दो श्लोकों (32, 33) में वे इस विधि का वर्णन करते हैं। उन्होंने ज्योतिष संबंधी प्रश्नों को हल करने के लिए यह विधि आविष्कृत की थी। इस प्रकार के अनेक प्रश्न भास्कर ने दिए हैं। *लघुभास्करीय* का एक प्रश्न निम्नानुसार है–

शनि की क्रांतियों का शेष 24 है। शनि के अहर्गण और क्रांति संख्या ज्ञात कीजिए।

432×10^4 वर्षों के महायुग में शनि की क्रांति संख्या है 1,46,564 वर्ष। इसमें सामान्य दिवसों की संख्या है 1,57,79,17,500 इन दोनों में 4 उभयनिष्ठ है अतः दोनों को 4 से भाग देने पर निम्न संख्याएँ प्राप्त होती हैं– 36641 और 394479375। यदि x अहर्गण है और y शनि की क्रांति संख्या तो कुट्टकार की शब्दावली में इसे निम्न प्रकार से व्यक्त किया जा सकता है–

$$36641\,x - 24 = 394479375.y$$

आर्यभट की विधि से हल करने पर ज्ञात होता है–

$x = 346688814$ और

$y = 32202$

भास्कर ने इस विधि के गणितीय उदाहरण भी दिए हैं–

वह संख्या ज्ञात करो जिसे 8 से भाग देने पर 5, 9 से भाग देने पर 4 और 7 से भाग देने पर 1 शेष रहता है।

माना कि संख्या N है, तो

$N = 8x + 5 = 9y + 4 = 7z + 1$

कुट्टक विधि से हल करने पर N का मान 85 प्राप्त होता है।

प्राचीनकाल में इस प्रकार के अनेक प्रश्न लोक जीवन में प्रचलित थे। ये प्रश्न गणित के लोकरंजक स्वरूप और उसकी सार्वजनीन व्यापकता को दर्शाते हैं। नीचे ऐसे दो प्रश्न दिए जा रहे हैं–

(1) बीस रुपैया बीसै जीव। सूका छेण अधन्नी गाय। पाँच रुपैया भैंस बिकाय।

बीस रुपये के बीस जानवर मिलते हैं। एक बकरी का दाम चार आना और एक गाय का दाम आठ आना है। एक भैंस का मूल्य पाँच रुपया है। तो प्रत्येक जानवर की संख्या ज्ञात करो।

[गाय = 3, भैंस = 3, बकरी = 14]

(2) एक मन लोहा सौ हथियार। पउआ छुरी सेर कटार। पँच-पँच सेर बने तलवार।

एक मन लोहे से 100 हथियार बनते हैं। चाकू एक पाव का, कटार एक सेर की और तलवार पाँच सेर की बनती है। प्रत्येक की संख्या ज्ञात करो।

[चाकू = 96, कटार = 1, और तलवार = 3]

इस प्रकार हम देखते हैं कि *आर्यभटीय* में बीजगणित का विकसित स्वरूप दिखाई देता है। आर्यभट द्वारा दी गई कुट्टक प्रविधियों का विस्तार और परिमार्जन परवर्ती भारतीय गणितज्ञों ने किया।

ब्रह्मगुप्त और श्रीधराचार्य

ब्रह्मगुप्त एक महान गणितज्ञ और ज्योतिषविद् थे। जॉर्ज सार्टन के शब्दों में, "वे अपने युग के वैज्ञानिकों में सर्वश्रेष्ठ थे।" भास्कर ने उन्हें 'गणक-चक्र चूड़ामणि' कहा है। *ब्राह्म-स्फुट सिद्धांत* और *खंड-खाद्यक* उनकी दो कृतियाँ हैं।

अपने बारे में जानकारी देते हुए, *ब्राह्म-स्फुट सिद्धांत* में उन्होंने लिखा है–

श्री चापवंशतिलके श्रीव्याघ्रमुखे नृपेशक नृपाणाम्
पंचाशत्संयुक्तैर्वर्षशतैः पंचभिरतीतैः।
ब्राह्म-स्फुट सिद्धान्तः सज्जनगणितज्ञगोलवित्प्रीत्यै
त्रिंशद्वर्षेण कृतो जिष्णुसुत ब्रह्मगुप्तेन।

इससे ज्ञात होता है कि वे विष्णुगुप्त के पुत्र थे और 30 वर्ष की आयु में उन्होंने *ब्राह्म-स्फुट सिद्धांत* की रचना की थी। यह ग्रंथ उन्होंने चापवंश के राजा व्याघ्रमुख के शासनकाल में शक संवत् 550 में लिखा था। शक संवत् में 78 जोड़ने पर ईसवी सन् का वर्ष मिलता है। अर्थात उन्होंने 628 ई. में इस ग्रंथ की रचना की थी। इससे उनका जन्म समय 598 ई. ज्ञात होता है। उनके भाष्यकारों ने उन्हें 'भिल्लमालकाचार्य' कहा है। संभवतया वे गुजरात में लूनी नदी के तट पर बसे भिन्नमाल (भीनमाल) नामक स्थान के निवासी रहे होंगे।

- *ब्राह्म-स्फुट सिद्धांत* के 24 अध्याय और 1022 श्लोकों में उन्होंने ज्योतिष और गणित संबंधी जानकारी दी है। इस ग्रंथ के 12वें (गणिताध्याय) और 18वें (कुट्टकाध्याय) अध्याय गणित से संबंधित हैं। गणिताध्याय गणितीय परिकर्म एवं प्रक्रियाओं के साथ श्रेणी व्यवहार, क्षेत्र व्यवहार (त्रिभुज, चतुर्भुज आदि के क्षेत्रफल), छाया व्यवहार (दीप-स्तंभ और उसकी छाया से संबंधित प्रश्न), चिति व्यवहार, राशि व्यवहार (अन्न के ढेर का परिमाण जानने की विधियाँ) आदि की विवेचना है। कुट्टकाध्याय में कुट्टक विधि से प्रश्नों को हल करने की विधियाँ दी गई हैं। 103 श्लोकों का यह अध्याय मुख्यतः बीजगणित पर केंद्रित है। आयु के 69वें वर्ष में ब्रह्मगुप्त ने *खंड-खाद्यक* की रचना की। यह पंचाग की गणनाओं पर केंद्रित ग्रंथ है। इसमें कुल 10 अध्याय हैं। यह ग्रंथ आर्यभट का

अनुसरण करते हुए लिखा गया है। *खंड-खाद्यक* का अर्थ होता है–खांड या गुड़ से बना खाद्य पदार्थ। पंचाग के ग्रंथ का यह नाम कुछ अजीब-सा लगता है। अल-बरूनी के अनुसार सुग्रीव नामक एक बौद्ध भिक्षु ने ज्योतिष पर लिखे अपने ग्रंथ को नाम दिया था–'दधि सागर'। सुग्रीव के शिष्य ने 'लवण मुष्टि' नाम से ग्रंथ की रचना की थी। संभवतया इसी से प्रेरणा लेकर, ब्रह्मगुप्त ने अपने ग्रंथ का यह नाम रखा हो।

- ब्रह्मगुप्त के सयय पैगंबर मुहम्मद साहब (मृत्यु 632 ई.) जीवित थे। उस समय अरबी में ज्ञान-विज्ञान का साहित्य नहीं था। सिकंदरिया के विद्या-केंद्र के नष्ट हो जाने के बाद यूरोप में अंधकार युग की शुरुआत हो चुकी थी। मुहम्मद साहब के उत्तराधिकारी खलीफा अल-मंसूर ने दजला नदी के किनारे 762 ई. में बगदाद की स्थापना की। अल-मंसूर के समय में ही संस्कृत के गणित और ज्योतिष संबंधी ग्रंथों के अरबी अनुवाद हुए। प्रथम दो अनूदित ग्रंथ ब्रह्मगुप्त के ही थे। *ब्रह्म-स्फुट सिद्धांत* का अनुवाद 'अलसिन्द हिन्द' नाम से मोहम्मद इब्न इब्राहीम अल-फजारी ने किया था। *खंड-खाद्यक* का अनुवाद याकूब इब्न तारीक ने *अल-अरकन्द* शीर्षक से किया। इन अनुवादों ने अरबी विद्वानों को प्रभावित किया और अरब में गणितीय-ज्योतिष और बीजगणित के प्रचार-प्रसार में महत्वपूर्ण भूमिका निभाई।
- अरबवासी बीजगणित के आविष्कर्ता नहीं अपितु प्राप्तकर्ता थे। बीजगणितीय प्रविधियों को अरब में पहुँचाने का श्रेय निश्चित ही ब्रह्मगुप्त को है। Eiphinstone ने अपने ग्रंथ History of India में बीजगणित की चर्चा करते हुए लिखा है कि–
  "Mr. Colebrooke has fully shown that algebra had attained the highest perfection it ever reached in India before it was ever khown to the Arabians." (कोलब्रुक ने पूरी तरह से यह दर्शाया है कि अरबवासियों के जानने के पूर्व ही भारत में बीजगणित अपनी श्रेष्ठतम पूर्णता की स्थिति में था।)
  प्रो. मोनियर विलियम्स ने भी लिखा है कि–
  "To the Hindus is due the invention of algebra and geometry and their applications to astronomy." (बीजगणित और ज्यामिति तथा ज्योतिष में उनके उपयोग की खोज का श्रेय हिंदुओं को है।)
  अल-बरूनी ने अपने वृत्तांत में अनेक स्थान पर ब्रह्मगुप्त का उल्लेख किया है। अल-बरूनी ने ब्रह्मगुप्त द्वारा आर्यभट की आलोचना की चर्चा करते हुए

ब्रह्मगुप्त द्वारा प्रयुक्त शब्दों की अशालीनता पर भी टिप्पणी की है। आर्यभट की सूर्य और चंद्र ग्रहण संबंधी गणितीय व्याख्याओं को ब्रह्मगुप्त ने अस्वीकार किया था। अल-बरूनी इस पर आश्चर्य व्यक्त करते हुए टिप्पणी करते हैं कि–ब्रह्मगुप्त जैसे प्रखर और ज्ञानवान व्यक्ति ने किस प्रकार यह अवैज्ञानिक धारणा व्यक्त की। अल-बरूनी इन आलोचनाओं को 30 वर्ष के युवक की 'अपरिपक्व आलोचना' मानकर निरस्त करते हैं। वे इस संदर्भ में कुरान की सूरा 27, अन-नम्ल की आयत 14 उद्धृत करते हैं, जिसमें कहा गया है : "उन्होंने जुल्म और सरकशी से उनका इनकार कर दिया, हालाँकि उनके जी को उसका विश्वास हो चुका था।" *खंड-खाद्यक* लिखते समय प्रौढ़ एवं परिपक्व दृष्टि से ब्रह्मगुप्त ने आर्यभट के महत्व को समझा और उनके सिद्धांतों का अनुसरण करते हुए अपना ग्रंथ लिखा। पृथुदक स्वामी, आमराज, भटोत्पल, लल्ल, सोमेश्वर, श्रीदत्त और वरुण ने ब्रह्मगुप्त के ग्रंथों की टीकाएँ लिखी हैं। 9वीं शताब्दी के ज्योतिषविद् वटेश्वर ने अपने 'वटेश्वर सिद्धांत' में, ब्रह्मगुप्त की आलोचना उसी प्रकार की है, जिस तरह ब्रह्मगुप्त ने आर्यभट की करी थी। वटेश्वर, आर्यभट के अनुयायी थे।

- ब्रह्मगुप्त ने चक्रीय चतुर्भुज के क्षेत्रफल और विकर्णों को ज्ञात करने संबंधी सूत्र दिए।

  'भुजयोगार्धचतृष्टय भुजोनघातात् पदं सूक्ष्मम्' यदि– $a + b + c + d = 2s$
  हो, तो चक्रीय चतुर्भुज का क्षेत्रफल होगा– $[(s-a)(s-b)(s-c)(s-d)]^{1/2}$
  उन्होंने विकर्णों के लिए निम्न सूत्र दिए हैं–

$$p = \left[\frac{(ab + cd)(ac + bd)}{ad + bc}\right]^{1/2}$$

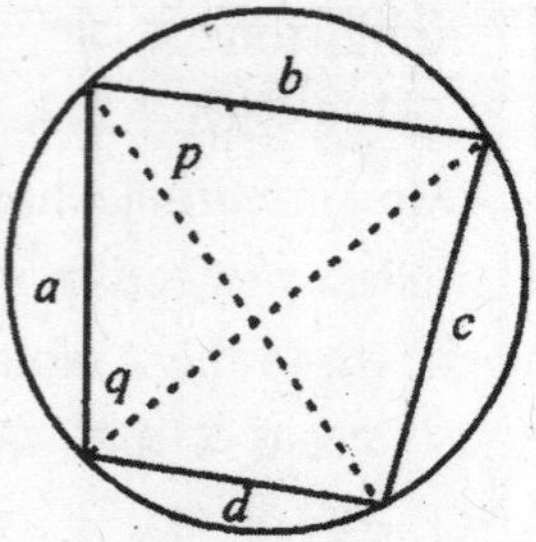

$$q = \left[\frac{(ab + bc)(ac + bd)}{ad + cd}\right]^{1/2}$$

पश्चिम में W. Snell ने ये सूत्र 1619 में प्राप्त किए थे। हॉवर्ड ईब्स ने 1969 में प्रकाशित अपनी पुस्तक 'An Introduction to the History of Mathematics' में ब्रह्मगुप्त के इन सूत्रों को विशेष रूप से उल्लेखनीय और अद्वितीय रूप से श्रेष्ठतम बताया है।

- ब्रह्मगुप्त की श्रेष्ठतम उपलब्धियों में समीकरण– $x^2 - Ny^2 = \pm$ । पर उनके योगदान की गणना होती है। ये समीकरण–पेल समीकरण के नाम से

जाने जाते हैं। आयलर ने इन्हें पेल समीकरण कहा–यद्यपि जॉन पेल (1611-1685) का इन समीकरणों से कुछ लेना-देना नहीं है। बी.एल. वानडेर वार्डन (B.L. Van der Waerden : Geometry and Algebra in Ancient Civilizations, 1983) के अनुसार एक घातीय डायफोंटाइन समीकरणों में ब्रह्मगुप्त की रुचि ज्योतिषीय प्रश्नों के कारण थी। पर पेल के समीकरणों में ब्रह्मगुप्त की रुचि का श्रेय वे ग्रीक स्रोतों से उद्भूत उस पूर्व परंपरा को देते हैं, जिसका अनुसरण उनके अनुसार ब्रह्मगुप्त कर रहे थे। परंतु इस प्रकार के निष्कर्ष को ब्रह्मगुप्त की प्रतिभा और मौलिकता के साथ अन्याय ही कहा जाएगा। George Gheverghese Joseph ने अपनी पुस्तक 'The Crest of the Peacock' में ठीक ही लिखा है कि–

"परिमेय पूर्णांकों में इन समीकरणों के हल ज्ञात करने वाले, ब्रह्मगुप्त पहले गणितज्ञ थे। उनकी प्रविधियाँ विलक्षण और व्यापक हैं।"

ब्रह्मगुप्त की प्रविधियाँ, भावना प्रविधियाँ के नाम से जानी जाती हैं। ये प्रविधियाँ, निम्नलिखित प्रमेयिकाओं पर आधारित हैं–

प्रमेयिका-1 (ब्रह्मगुप्त)

यदि $x = \alpha_1$ और $y = \beta_1$ समीकरण $X^2 = Ny^2 + m$ के मूल हैं, और (α_2, β_2) समीकरण $X^2 = Ny^2 + n$ के मूल हों तो–

$x = \alpha_1\alpha_2 + N\beta_1\beta_2$ और $y = \alpha_1\beta_2 + \alpha_2\beta_1$

समीकरण $X^2 = Ny^2 + mn$ के मूल होंगे।

प्रमेयिका-2 (ब्रह्मगुप्त)

$\alpha_1 = \alpha_2 = \alpha$, $\beta_1 = \beta_2 = \beta$ और $m = n$ लेने पर,

$X^2 = Ny^2 + m^2$ के मूल हैं– $(\alpha^2 + N\beta^2, 2\alpha\beta)$

टिप्पणी : प्रमेयिका 2 में $m = 1$ लेने पर, समीकरण

$X^2 = N\gamma^2 + 1$ के मूल (α, β) हों तो–

$(\alpha^2 + N\beta^2, 2\alpha\beta)$ भी समीकरण $X^2 = Ny^2 + 1$ के मूल होंगे।

प्रमेयिका-3 (ब्रह्मगुप्त)

यदि (α, β) समीकरण $X^2 = Ny^2 + m^2$ के मूल हों तो

$\left(\frac{\alpha}{m}, \frac{\beta}{m}\right)$ समीकरण $X^2 = Ny^2 + 1$ के मूल हैं।

(यहाँ $m\backslash\alpha$ और $m\backslash\beta$ – से पूर्णांक हल प्राप्त होते हैं।)

आयलर ने 1764 और लाग्रांज ने 1768 में ब्रह्मगुप्त की प्रमेयिकाओं को पुनः प्राप्त किया और उनका महत्व स्थापित किया। स्मिथ का यह कहना कि समीकरण $X^2 = Ny^2 + m$ के अनंत मूल होने की जानकारी का श्रेय फर्मा को है–असत्य और भ्रामक है। जयदेव (1000 ई.) ने सबसे पहले यह प्रतिपादित किया था कि ब्रह्मगुप्त की विधि से अनंत मूल प्राप्त किए जा सकते हैं। ब्रह्मगुप्त के निष्कर्ष अत्यंत महत्वपूर्ण हैं। ब्रह्मगुप्त ने इनका वर्गीकरण करते हुए, इन्हें समास भावना, अंतर भावना, तुल्य भावना, अतुल्य भावना आदि में विभाजित किया है। भास्कर, नारायण (1350 ई.) ज्ञानराज (1503) और कमलाकर (1658) आदि गणितज्ञों ने भावना प्रविधियों का वर्णन करते हुए उनकी व्याख्या की है।

समीकरण $X^2 = Ny^2 + m$ में –

m को योजक कहते हैं। योजक ऋणात्मक भी हो सकता है।

n को गुणक, x को अंतिम और y को प्रथम मूल कहते हैं।

समीकरण $x^2 = 8y^2 + 1$ में योजक 1 है।

$x = 3$ और $y = 1$ अर्थात (3, 1) इसका एक हल है।

अतः
$$\left.\begin{array}{l} 3 \times 3 + 8 \times 1 \times 1 = 17 \\ 3 \times 1 + 1 \times 3 = 6 \end{array}\right\} \rightarrow (17, 6)$$ भी इसका हल है।

अब (3, 1) और (17, 6) से इसी प्रकार–

$$\left.\begin{array}{l} 17 \times 3 + 8 \times 6 \times 1 = 99 \\ 3 \times 6 + 1 \times 17 = 35 \end{array}\right\} \rightarrow (99, 35)$$ युग्म

प्राप्त किया जा सकता है, जो दिए गए समीकरण का हल है।

भास्कर नें ब्रह्मगुप्त की प्रविधि में से समीकरण

$$x^2 = 11y^2 + 1$$

का उदाहरण दिया है। युग्म (3, 1) योजक $m = -2$ के लिए हल है। इस युग्म का संयोजन इसी के साथ करने पर योजक $m \times m = -2 \times -2 = 4$ के लिए हल युग्म (20, 6) प्राप्त होता है। इससे 2 से भाग देने पर योजक-1 के लिए युग्म (10, 3) प्राप्त होता है, जो दिए हुए समीकरण का हल है। भास्कर ब्रह्मगुप्त की प्रविधि से समीकरण–

$$x^2 = 11y^2 + 1$$

के लिए दूसरा युग्म–

$$\left.\begin{array}{l} 10 \times 10 + 11 \times 3 \times 3 = 199 \\ 10 \times 3 + 3 \times 10 = 60 \end{array}\right\} \rightarrow (199, 60)$$

प्राप्त करते हैं, जो दिए गए समीकरण का हल है। अब इस विधि से अनंत युग्म हल के रूप में प्राप्त किए जा सकते हैं।

यदि– $X^2 = Ny^2 + 1 \ldots (P_1)$

के मूल *(p, q)* और *(r, s)* हों तो इन युग्मों पर एक संरचना परिभाषित की जा सकती है–

$$(p, q) * (r, s) = (pr + Nqs, ps + qr)$$

इसे ही ब्रह्मगुप्त ने भावना कहा है। इसकी सहायता से (P_1) के हल युग्मों का एक अनंत क्रम प्राप्त किया जा सकता है–और ये सभी एक-दूसरे से भिन्न होंगे।

समीकरण $X^2 - 3y^2 = 1$ को लीजिए। युग्म (2, 1) इसका एक हल है। इसका संयोजन इसी के साथ करने पर युग्म (7, 4) प्राप्त होता है, जो समीकरण का हल है। अब (2, 1) और (7, 4) के संयोजन से युग्म (26, 15) प्राप्त होता है। अन्य युग्म–

(95, 56), (362, 209), (1351, 780), ...

भी इसी प्रकार प्राप्त किए जा सकते हैं।

भास्कर ने अपने बीजगणित के वर्गप्रकृतिः अध्याय में इसके उदाहरण दिए हैं–

को वर्गोष्टहतः सैकः कृतिः स्याद गणकोच्यताम्
एकादशगुणः को वा वर्गः सैकः कृतिर्भवेत्

–हे गणक, कौन-सा वर्ग है जिसे 8 से गुणा कर 1 जोड़ देते हैं तो वर्गात्मक हो जाता है? या कौन-सा वर्ग है जिसे 11 से गुणा कर 1 जोड़ते हैं तो वर्ग हो जाता है।

इससे ये दो समीकरण प्राप्त होते हैं–

(1) $8x^2 + 1 = y^2$ और (2) $11x^2 + 1 = y^2$

युग्म (1, 3), (35, 99), ... समीकरण (1) के हल हैं तो युग्म (3, 10) समीकरण (2) का हल है। इनकी सहायता से अनंत हल युग्म प्राप्त किए जा सकते हैं।

चूँकि $11 \times 1^2 + 5 = 4^2$, अर्थात युग्म (1, 4) समीकरण $11x^2 + 5 = y^2$ का एक हल है। (1, 4) के संयोजन से समीकरण $11x^2 + 25 = y^2$ का हल (8, 27) प्राप्त होता है। अतः $\left(\frac{8}{5}, \frac{27}{5}\right)$ समीकरण $11x^2 + 1 = y^2$ का परिमेय हल है।

हमें ज्ञात है कि युग्म (3, 10) भी इसी समीकरण का हल है।

अतः (3, 10) और $\left(\frac{8}{5}, \frac{27}{5}\right)$ के संयोजन से प्राप्त $\left(\frac{161}{5}, \frac{534}{5}\right)$ समीकरण का दूसरा परिमेय हल होगा।

ब्रह्मगुप्त और श्रीपति दोनों को ही यह ज्ञात था कि यदि $m = \pm 1, \pm 2$ या ± 4 हो तो समीकरण $Nx^2 + m = y^2$ के पूर्णांक हल प्राप्त होते हैं।

ब्रह्मगुप्त ने वर्ग समीकरण–

$$ax^2 + bx = c$$

एवं समीकरणों–

$$by = ax - 1$$
$$by + ax = \pm c$$

के लिए भी सूत्र और नियम दिए हैं।

- श्रीधराचार्य के बारे में हमारी जानकारी बहुत ही अल्प है। उनके समय और स्थान के बारे में निश्चित रूप से कुछ भी नहीं कहा जा सकता है। पाटीगणित, पाटीगणित सार और त्रिशतिका उनकी उपलब्ध रचनाएँ हैं जो मूलतः अंकगणित और क्षेत्र व्यवहार से संबंधित हैं। भास्कराचार्य ने बीजगणित के अंत में– ब्रह्मगुप्त, श्रीधर और पद्मनाभ के बीजगणित को विस्तृत और व्यापक कहा है–

ब्रह्माह्वयश्रीधरपद्मनाभबीजानि यस्मादतिविस्तृतानि

इससे प्रतीत होता है कि श्रीधर ने बीजगणित पर भी एक वृहद् ग्रंथ की रचना की थी–जो अब उपलब्ध नहीं है। भास्कर ने ही अपने बीजगणित में वर्ग समीकरणों के हल के लिए श्रीधर के नियम को उद्धृत किया है–

चतुराहतवर्गसमै रूपैः पक्षद्वयं गुणयेत
अव्यक्तवर्गरूपैर्युक्तौ पक्षौ ततो मूलम्

माना कि समीकरण है–

$ax^2 + bx = c$

$\therefore\ 4a^2x^2 + 4abx = 4ac$

$\therefore\ (2ax + b)^2 = 4ac + b^2$

$\therefore\ 2ax + b = \sqrt{4ac + b^2}$

अतः $x = \dfrac{\sqrt{4ac + b^2} - b}{2a}$

श्रीधर के इस नियम का उल्लेख ज्ञानराज और सूर्यदास ने भास्कर के बीजगणित की अपनी टीकाओं में किया है। पाटीगणित में श्रेढी व्यवहार के अंतर्गत प्रश्नों में श्रीधर अपने इस नियम का उपयोग करते हैं।

सुधाकर द्विवेदी ने, यह मानते हुए कि गणितज्ञ श्रीधराचार्य ही दार्शनिक ग्रंथ 'न्याय कन्दली' के भी प्रणेता थे, उनका समय 991 ई. निर्धारित किया है। शंकर

बालकृष्ण दीक्षित के अनुसार श्रीधर का समय महावीर के पूर्व, लगभग 850 ई. का है। श्रीधर और महावीर के कार्य और निष्कर्षों के तुलनात्मक अध्ययन से यह कहा जा सकता है कि श्रीधर-महावीर के पश्चात और आर्यभट-द्वितीय के पूर्व के गणितज्ञ हैं।

श्रीधर का काव्य *लाघव* प्रशंसनीय है। गणितीय प्रश्नों की काव्यात्मक प्रस्तुति उनकी विशेषता है। त्रिशतिका का एक उदाहरण है–

षडभागः पाटलीसु भ्रमरगणयुतेः स्वत्रिभागः कदम्बे
पादश्चूतद्रुमे च प्रदलितकुसुमे चम्पके पंचमाशः।
प्रोत्फुल्लाम्भोजषण्डे रविकर दलिते त्रिशदंशोऽभिरेमे
तत्रैकोमत्तभृङ्गो भ्रमति नभसि चेत् का भवेद्भृङ्ग सङ्ख्या ॥

–श्रेष्ठ भ्रमरों के समूह में से $\frac{1}{6}$ पाटली वृक्ष में, $\frac{1}{3}$ कदंब वृक्ष में, $\frac{1}{4}$ आम्र वृक्ष में, $\frac{1}{5}$ विकसित पुष्पों वाले चंपक वृक्ष में, $\frac{1}{30}$ सूर्य किरणों द्वारा पूर्ण विकसित कमल वृंद में आनंद ले रहे थे और एक मत्त भृंग आकाश में भ्रमण कर रहा था। बतलाओ उस समूह में भ्रमरों की संख्या कितनी थी?

अपनी भाषा और प्रस्तुति की सहज सुग्राह्यता के कारण श्रीधर के ग्रंथ भारत में अत्यंत लोकप्रिय थे। त्रिशतिका पर तेलुगु, कन्नड़ और गुजराती में भी टीकाएँ लिखी गई हैं। उन्होंने अपने परवर्ती गणितज्ञों–जैसे भास्कर-द्वितीय और श्रीपति को व्यापक रूप से प्रभावित किया। अभयदेव सूरी (1050 ई.), उदय दिवाकर (1073 ई), सूर्यदेव (1191 ई.), सिंह तिलक सूरी (1275 ई.), मक्खिभट्ट (1377 ई.), परमेश्वर (1430 ई.), राघवभट्ट (1493 ई.), गणेशदेवज्ञ (1514 ई.), रघुनाथराज (1597 ई.), महिधर (1635 ई.) जैसे अनेक विद्वान भाष्यकारों ने अपनी कृतियों में श्रीधर का उल्लेख किया है। अमर सिंह यती की 'काव्य कल्पलता वृत्ति' के अनुसार–श्रीधर भारतीय गणितज्ञों के लिए आदर्श मानक प्रारूप थे। उनके संबंध में निम्न श्लोक प्रचलित है–

उत्तरतो सुरनिलयं दक्षिणतो मलयपर्वतं यावत्
प्रागपरोदधिमध्ये नो गणकः श्रीधरादन्यः

उत्तर में देवों के वास हिमालय और मलयपर्वत तक दक्षिण में और पूर्व तथा पश्चिम के समुद्रों के मध्य कहीं भी श्रीधर जैसा गणितज्ञ नहीं है।

महावीराचार्य

9वीं शताब्दी के जैन परंपरा के गणितज्ञ महावीराचार्य की गणना भारत के श्रेष्ठ और शीर्षस्थ गणितज्ञों में की जाती है। बीजगणित का प्रोन्नत और विकसित स्वरूप महावीर के कार्यों में दिखाई देता है। अद्‌भुत गणितीय प्रतिभा के साथ, महावीर के कार्यों में हमें उनकी विलक्षण काव्य क्षमताओं का भी परिचय मिलता है। वे एक अप्रतिम गणितज्ञ थे। उनके व्यक्तित्व एवं कृतित्व में हमें एक गणितज्ञ की प्रखरता, कवि की कल्पनाशीलता और एक कलाकार के सृजनात्मक उन्मेष का व्यापक रूप देखने को मिलता है। वे गणितज्ञों में कवि और कवियों में निस्पृह साधु थे।

महावीर के गणितीय संसार के काव्य-लालित्य और सरस रूप-विधान के परिचय के लिए उनके 'गणितसार-संग्रह' से केवल एक ही उदाहरण पर्याप्त होगा–

काचिद्वसन्तमासे प्रसूनफलगुच्छभारनम्रोद्याने।
कुसुमासवरसरञ्जितशुककोकिलमधुपमधुरनिस्वननिचिते ॥
हिमकरधवले पृथुले सौधतले सान्द्ररुन्द्रमृदुतल्पे।
फणिफणनितम्बबिम्बा कनदमलाभरण शोभाङ्गी ॥
पाठीनजठरनयना कठिनस्तनहारनम्रतनुमध्या।
सह निजपतिना युवती रात्रौ प्रीत्यानुरममाणा ॥
प्रणयकलहे समुत्थे मुक्तामयकण्ठिका तदवलायाः।
छिन्नावनौ निपतिता तत्रयंशश्चेठिकां प्रापत् ॥
षडभागः शय्यायामनन्तरानन्तरार्धमितिभागाः।
षटसंख्यानास्तस्याः सर्वे सर्वत्र सम्पतिताः ॥
एकाग्रषष्टिशतयुतसहस्रमुक्ताफलानि दृष्टानि।
तन्मौक्तिकप्रमाणं प्रकीर्णकं वेत्सि चेत् कथय ॥

–गणितसार-संग्रह : 4. (17-22)

श्लोक के पूर्वार्ध में महावीर ने वसंत ऋतु की एक मादक रात्रि का चित्रण करते हुए, मनोरम उद्यान में स्थित भवन में प्रणय-चर्चा में मग्न एक युगल का वर्णन किया है। प्रणय कलह में पत्नी के गले से टूटी मुक्ता माला के मोती गिरकर बिखर गए।

उत्तरार्ध में टूटकर गिरे हुए मोतियों की संख्या भिन्न में दर्शाते हुए, महावीर कहते हैं–उस मुक्ताहार के $\frac{1}{3}$ मोती दासी के पास पहुँचे, $\frac{1}{6}$ शय्या पर रह गए, शेष के $\frac{1}{2}$ और पुनः अग्रिम शेष के $\frac{1}{2}$ और फिर अग्रिम शेष के $\frac{1}{2}$। इस प्रकार कुल 6 बार में प्राप्त मुक्ता राशि सर्वत्र गिरी। माला में 1161 मोती बिना गिरे रह गए। यदि तुम प्रकीर्णक भिन्नों का मान निकालना जानते हो, तो हार में कुल मोतियों की संख्या ज्ञात करो।

इसे बीजगणितीय रूप में हम निम्न प्रकार से व्यक्त कर सकते हैं–

$$\frac{x}{3}+\frac{x}{6}+\frac{x}{12}+\frac{x}{24}+\frac{x}{48}+\frac{x}{96}+\frac{x}{192}+\frac{x}{348}+1161=x$$

अर्थात

$x=3456$

लगता है इसी उदाहरण से प्रेरणा लेकर श्रीधराचार्य ने *त्रिशतिका* में यह रोचक उदाहरण इस प्रकार से प्रस्तुत किया है–

कामिन्या हारवल्लयाः सुरतकलहतौ मौक्तिकानां त्रुटित्वा
भूमौ यातिस्त्रिभागः शयनतलगतः पंचमांशश्च दृष्टः।
आत्त षष्ठः सुकेश्या गणक दशमकः संगृहीतः प्रियेण
दृष्टं षटकंच सूत्रे कथय कतिपयैर्मौक्ति कैरेष हारः।

अनेक प्राचीन गणितज्ञों की भाँति ही महावीर के बारे में हमारी जानकारी अत्यंत अल्प है। उन्होंने स्वयं अपने बारे में कुछ भी नहीं लिखा है। उपलब्ध प्रमाणों के आधार पर केवल इतना ही निष्कर्ष निकाला जा सकता है कि वे 9वीं शताब्दी में हुए थे, और राष्ट्रकूट राजा अमोघवर्ष के समकालीन थे। संभवतया उन्हें राज्याश्रय प्राप्त था। वे जैन धर्मावलंबी थे और उनका कार्यक्षेत्र दक्षिण भारत था।

7वीं शताब्दी के उत्तरार्ध से लगभग दो शताब्दियों तक दक्षिण भारत पर राष्ट्रकूटों का प्रभुत्व था। अपने चरमोत्कर्ष काल में राष्ट्रकूट राजाओं ने उत्तर भारत पर कई आक्रमण किए और मालवा, बघेलखंड और दोआब तक अपने प्रभाव का विस्तार किया। दंतिदुर्ग इस वंश का प्रथम शासक माना जाता है। राष्ट्रकूटों का शासनकाल अपने विस्तृत प्रभाव, समृद्धि और स्थिरता के लिए इतिहास में प्रसिद्ध है। अरब लेखकों ने इन्हीं कारणों से इस वंश के साम्राज्य की प्रशंसा करते हुए उसे चीन, बगदाद और कुस्तुनतुनिया के सम्राटों के समकक्ष रखा है। राष्ट्रकूट राजा

विद्या प्रेमी थे और साहित्य तथा कलाओं के संरक्षक थे। पत्थरों को तराशकर बनाया गया एलोरा का विशाल कैलाश मंदिर राष्ट्रकूट राजाओं का स्थायी स्मारक है। इसके निर्माण का श्रेय कृष्ण प्रथम (756-773 ई.) को है। नृपतुंग अमोघवर्ष, सर्व गोविंद-तृतीय, जो जयतुंग प्रभुत्वर्ष के नाम से प्रसिद्ध थे, के पुत्र थे। इनका जन्म गोविंद के विजय अभियान के समय विंध्य की एक सैनिक छावनी में हुआ था। इस समय राष्ट्रकूटों का प्रभाव अपनी पराकाष्ठा पर था। अमोघवर्ष ने अपनी राजधानी मान्यखेट का सुदृढ़ दुर्गीकरण किया। वे जैन धर्मानुयायी थे और 'प्रश्नोत्तर रत्नमालिका' के लेखक के रूप में प्रसिद्ध हैं। वीर और पराक्रमी होने के साथ-साथ वे साहित्य प्रेमी और धर्मानुरागी भी थे। उन्होंने लंबे समय तक (815-877 ई.) राज्य किया। महावीर ने *गणितसार-संग्रह* के प्रारंभ में इनका उल्लेख करते हुए लिखा है–

प्रीणितः प्राणिसस्यौघो निरीतिर्निरवग्रहः।
श्रीमतामोघवर्षेण येन स्वेष्टहितैषिणा ॥
पापरूपाः परा यस्य चित्तवृत्तिहविर्भुजि।
भस्मसाभ्दावमीयुस्तेऽवन्ध्यकोपोऽभवत्ततः ॥
वशीकुर्वन् जगत्सर्व स्वयं नानुवशः परेः।
नाभिभूतः प्रभुस्तस्मादपूर्वमकरध्वजः ॥
यो विक्रमक्रमाक्रान्तच क्रिचक्रकृतक्रियः।
चक्रिकाभञ्जनो नाम्ना चक्रिका भञ्जनोऽञ्जसा ॥
यो विद्यानद्यधिष्ठानो मर्यादावज्रवेदिकः।
रत्नगर्भो यथाख्यातचरित्रजलधिर्महान् ॥
विध्वस्तैकान्तपक्षस्य स्याद्वादन्यायवादिनः।
देवस्य नृपतुङ्गस्य वर्धता तस्य शासनम ॥

—ग.सा.सं.-1 (3-8)

इससे यह निष्कर्ष निकलता है कि अमोघवर्ष का शासन (और महावीर का समय) राजनीतिक उथल-पुथल से मुक्त स्थायित्व लिए हुए था। प्रजा सुखी थी। समाज में सुख, शांति और समृद्धि थी। अमोघवर्ष न्यायप्रिय, प्रजावत्सल, पराक्रमी, सच्चरित्र, विद्यानुरागी और कलाप्रेमी थे। उनके राज्य में अनेक विद्वानों को राज्याश्रय प्राप्त था।

गणितसार-संग्रह महावीराचार्य की निर्विवाद, प्रामाणिक तथा एकमात्र प्रतिनिधि रचना है। एम. रंगाचार्य ने इसका अँग्रेजी अनुवाद 1912 में प्रकाशित किया

था। अँग्रेजी अनुवाद के आधार पर 1963 में प्रो. लक्ष्मीचंद्र जैन ने इसका हिंदी अनुवाद, टिप्पणी एवं व्याख्या सहित प्रस्तुत किया। अभी 2000 में मैसूर विश्वविद्यालय की डॉ. पद्मावथाम्मा ने *गणितसार-संग्रह* का एक अद्यतन संस्करण अँग्रेजी और कन्नड़ अनुवाद सहित प्रकाशित किया है।

गणितसार-संग्रह निम्न नौ अध्यायों में विभक्त है–

1. *संज्ञा अधिकार*–इसमें परिभाषाएँ एवं शून्य, धनात्मक तथा ऋणात्मक राशियों संबंधी नियम दिए हुए हैं।
2. *परिकर्म व्यवहार*–इस अध्याय में गुणन, भाग, वर्ग, वर्गमूल, घन, घनमूल आदि की प्रविधियाँ एवं उदाहरण हैं।
3. *कलासवर्ण व्यवहार* के अंतर्गत भिन्न, भिन्न संबंधी वर्ग, वर्गमूल, घन, घनमूल, संयुक्त और जटिल भिन्नों की व्याख्या की गई हैं।
4. *प्रकीर्णक-व्यवहार*–इसमें भिन्नों पर विविध प्रश्न हैं।
5. *त्रैराशिक व्यवहार*
6. *मिश्रक व्यवहार*
7. *क्षेत्रगणित व्यवहार*–इसमें क्षेत्रफल संबंधी विविध प्रश्न और नियम हैं।
8. *खात व्यवहार*–इस अध्याय में गड्ढा संबंधी विवेचनाएँ की गई हैं।
9. *छाया व्यवहार* में ऊँचाई, दूरी और छाया संबंधी नियम और प्रश्न हैं।

संपूर्ण ग्रंथ ललित एवं प्रवाहपूर्ण पाठ्य-पुस्तकीय शैली में लिखा गया है। गणितीय परुषता में कहीं भी शिथिलता दिखाई नहीं देती है। प्रचलित एवं परंपरा से प्राप्त ज्ञान का समावेश करते हुए, महावीर ने *गणितसार-संग्रह* में गणितीय प्रविधियों की उदाहरण सहित व्याख्या दी है। काव्यात्मक अभिव्यक्ति ने इसे आकर्षक और रोचक बनाया है। शैलीगत विशेषताओं, सम्मिलित विषय-वस्तु और लेखक के रचना लाघव ने इस ग्रंथ को एक सुसंबद्ध, व्यवस्थित, परिष्कृत एवं श्रेष्ठ पाठ्य-पुस्तक का रूप दिया है। ज्योतिष संबंधी अवधारणाओं से यह ग्रंथ पूरी तरह मुक्त है।

प्रारंभ में ही गणित शास्त्र की प्रशंसा करते हुए, महावीर लिखते हैं–

> मैं तीर्थों को उत्पन्न करने वाले पूजित तीर्थंकरों की शिष्य प्रशिष्यात्मक गुरु परंपरा से प्राप्त संख्या ज्ञान महासागर से उसका कुछ सार, एकत्र कर, उसी प्रकार जैसे समुद्र से रत्न, चट्टान से स्वर्ण और शुक्त से मुक्ता प्राप्त करते हैं, अपनी अल्पबुद्धि से *गणितसार-संग्रह* नामक इस ग्रंथ की, अपनी शक्ति के अनुसार रचना करता हूँ।
>
> –ग.सा.सं. : 1 (17-19)

इससे स्पष्ट होता है कि गुरु-शिष्य परंपरा से प्राप्त गणितीय ज्ञान को ही, अपनी योग्यतानुसार महावीर ने–*गणितसार-संग्रह* के रूप में व्यक्त किया है। अपने पूर्ववर्ती विद्वानों के प्रति यह कृतज्ञ स्मरण महावीर के व्यक्तित्व में चारित्रिक विनम्रता का द्योतक है।

यद्यपि *गणितसार-संग्रह* अंक गणितीय परिकर्म, ज्यामितीय प्रश्नों एवं बीजगणितीय प्रविधियों पर केंद्रित है, परंतु प्रसंगवश उसमें 9वीं शताब्दी में दक्षिण भारत के सामाजिक संस्कारों, आर्थिक व्यवहारों और बृहत्तर सांस्कृतिक गतिविधियों की छवियाँ दिखाई देती हैं।

महावीर ने प्रारंभ में ही, मंगलाचरण में–*नमस्तस्मै जिनेन्द्राय महावीराय तायिने* द्वारा भगवान महावीर की स्तुति से अपने जैन धर्मावलंबी होने की पुष्टि की है। *गणितसार-संग्रह* के अनेक प्रश्नों में जैन मंदिरों, प्रतिमाओं एवं आराधना पद्धति की जानकारी सन्निहित है और यह दक्षिण भारत में जैन धर्म के व्यापक प्रभाव की ओर संकेत करती है।

गणितसार-संग्रह के उदाहरणों से प्राप्त विवरणों से ज्ञात होता है कि उस समय दक्षिण भारत का वनप्रांतर घने वृक्षों से परिपूर्ण और प्राकृतिक सौंदर्य से भरपूर था। व्यापार-विनिमय में स्वर्ण मुद्राओं का प्रयोग होता था। निष्क, पण और दीनार भी प्रचलन में थे। मसालों के साथ चंदन, इत्र और कपूर का व्यवसाय होता था। दास-दासियों के क्रय-विक्रय का रिवाज था और मनोरंजन के लिए मुर्गे लड़ाए जाते थे। रसिक जन वारांगनाओं के यहाँ जाते थे। अपने युग की छवि प्रस्तुत करने में महावीर का कवि मन अत्यंत मुखर रूप से हमारे सम्मुख प्रस्तुत होता है और उतनी ही प्रखरता के साथ वे गणितीय विश्लेषण, प्रविधियों की व्याख्या एवं नई और मौलिक अवधारणाओं को भी प्रस्तुत करते हैं।

जोड़, घटाना, गुणा, भाग, वर्ग करना, वर्गमूल निकालना, घन और घनमूल संबंधी विधियाँ भारत में प्राचीनकाल से ज्ञात थीं। आर्यभट, ब्रह्मगुप्त, श्रीधराचार्य, महावीर और भास्कराचार्य ने इनकी व्याखाएँ अपनी-अपनी विधियों के अनुसार दी हैं और सभी ने प्रचलित विधियों को यथासंभव परिष्कृत भी किया है। अपने पूर्ववर्ती गणितज्ञों द्वारा परिमार्जित विधियों को महावीर ने नए गणितीय संस्कार देकर, उन्हें अधिक जटिल और दुरूह प्रश्नों के हलों तक पहुँचने योग्य बनाया। गणित की कुछ मूलभूत संकल्पनाओं को पहली बार प्रस्तुत करने का श्रेय महावीर को है।

- ऋणात्मक संख्याओं के वर्गमूल को नकारते हुए, महावीर ने कहा–

धनं धनर्णयोर्वर्गो मूले स्वर्णे तयोः क्रमात्।
ऋणं स्वरूपतोऽवर्गो यतस्तस्मान्न तत्पदम ॥

—ग.सा.सं.-1 (52)

- धनात्मक तथा ऋणात्मक राशियों का वर्ग धनात्मक होता है और उस राशि के वर्गमूल क्रमशः धनात्मक और ऋणात्मक होते हैं। चूँकि वस्तुओं की प्रकृति में, ऋणात्मक राशि वर्गराशि नहीं होती, इसलिए उसका कोई वर्गमूल नहीं होता।
  अर्थात $2^2 = 4$ और $(-2)^2 = 4$
  और $\sqrt{4} = 2; -2$
  परंतु $\sqrt{-4}$ को महावीर ने अस्वीकार करते हुए उसकी असंभवता की ओर भी हमारा ध्यान आकर्षित किया है। 9वीं शताब्दी में इस प्रकार की स्पष्टोक्ति महावीर की गहन और सूक्ष्म अंतर्दृष्टि और उच्चतम गणितीय मेधा का परिचय देने के लिए पर्याप्त है। E.T. Bell ने Development of Mathematics नामक अपनी पुस्तक में इस संदर्भ में महावीर की प्रखर गणितीय प्रतिभा और संयम की प्रशंसा की है। वे लिखते हैं–
  He had mathematical insight enough to leave the matter there, and not to proceed to meaningless manipulations of unintelligible symbols. (अबोधगम्य संकेतों की निरर्थक व्याख्याएँ देने की बजाय महावीर में इस विषय को वहीं छोड़ देने की गणितीय अंतर्दृष्टि थी।)
- लघुतम समापवर्त्य की अवधारणा को प्रस्तुत करने का श्रेय महावीर को है।
- भारतीय गणितज्ञों में एकमात्र महावीर ने दीर्घवृत्त (ellipse) की चर्चा की है। उन्होंने इसकी परिधि और क्षेत्रफल निकालने का नियम भी दिया है।

महावीर का बीजगणित में योगदान

वर्ग समीकरण के दोनों मूलों का महावीर ने परिकलन किया है–पर उनके अधिकांश प्रश्नों में एक ही मूल स्वीकार्य है। भारत में वर्ग समीकरणों के अध्ययन की आवश्यकताओं का उत्स शुल्बसूत्रों में देखा जा सकता है। बक्षाली पांडुलिपि में दिये गए अनेक प्रश्न भी, भारत में वर्ग-समीकरणों के अध्ययन की प्राचीनता की पुष्टि करते हैं। आर्यभट ने ब्याज के दर के प्रसंग में एक उदाहरण द्वारा, जो हल बताया है–वह ऐतिहासिक महत्व का है। *गणितसार-संग्रह* में दिये गए अनेक उदाहरणों से वर्ग समीकरण की प्रकृति से महावीर का परिचय परिलक्षित होता है। कुछ उदाहरणों से यह और स्पष्ट हो सकेगा–

चरति कमल षंडे सारसानां चतुर्थो
नवमचरण भागौ सप्तमूलानि चाद्रौ।
विकचवकुल मध्ये सप्तनिघ्नाष्टमानाः
कति कथय सखेत्व पक्षिणोदक्ष साक्षात् ॥

—ग.सा.सं.-4 (36)

किसी अज्ञात राशि वाले सारस पक्षियों के झुंड का $\frac{1}{4}$ भाग कमल समूह पर चल रहा है। उसके $\frac{1}{9}$ तथा $\frac{1}{4}$ भाग तथा उसके वर्गमूल के 7 गुना भाग पर्वत पर विचर रहे हैं। शेष 56 पक्षी वकुल वृक्षों के मध्य हैं। हे निपुण मित्र! सारस पक्षियों की कुल संख्या बताओ।

इस प्रश्न को बीजीय रूप में लिखने पर हमें निम्न समीकरण प्राप्त होता है–

$$x = \frac{x}{4} + \frac{x}{9} + \frac{x}{4} + 7\sqrt{x} + 56$$

i.e. $(x - 576)(x - 36) = 0$

अर्थात सारस पक्षियों की कुल संख्या 576 है।

भास्कर ने लीलावती में इसी प्रकार के प्रश्न दिए हैं–

बाले मरालकुलमूलदलानि सप्त
तीरे विलासभरमन्थरगान्यपश्यम्।
कुर्वच्च केलिकलहं कलहंस युग्मम्
शेषं जले वद मराल कुल प्रमाणम् ॥

इसके अनुसार– $x - \frac{7}{2}\sqrt{x} = 2$

अर्थात! हंसों की कुल संख्या = 16

महावीर ने उच्च घातांकों वाले समीकरणों की भी व्याख्या की है। *गणितसार-संग्रह* के चौथे अध्याय में दिए गए उदाहरणों से उच्चघातीय समीकरणों संबंधी महावीर की व्याख्या स्पष्ट होती है। इस संदर्भ में निम्न उदाहरण का उल्लेख प्रासंगिक है–

द्वित्रिभागस्य यन्मूलं नवघ्न हस्तिनां पुनः।
शेषं त्रिपंचमांशस्य मूलं षड्भिः समाहतम् ॥
विगलद्दानधाराद्र गण्डमण्डल दन्तिनः।
चतुर्विंशतिरादृष्टा मयाख्याँ कति द्विपाः ॥

(हाथियों के झुंड में से, उनकी संख्या के 2/3 भाग के वर्गमूल का 9 गुना प्रमाण और शेष भाग के 3/5 भाग के वर्गमूल का 6 गुना प्रमाण और अंत में शेष 24 हाथी वन में ऐसे देखे गए जिनके विशाल गंड मंडल से मद झर रहा था। हाथियों की संख्या ज्ञात करो।)

इसकी बीजीय अभिव्यक्ति से प्राप्त समीकरण है–

$$9\sqrt{\frac{2x}{3}}+6\sqrt{\frac{3}{5}\left[x-9\sqrt{\frac{2x}{3}}\right]}+24=x$$

यहाँ $x-9\sqrt{\frac{2x}{3}}=y$ रखने पर, प्राप्त होता है–

$$y-6\sqrt{\frac{3y}{5}}=24$$

इसलिए $y=60$ अथवा $\frac{48}{5}$

अर्थात $$x-9\sqrt{\frac{2x}{3}}=60$$

जिससे प्राप्त होता है $x=150$ और 24

अर्थात हाथियों की कुल संख्या 150 है।

$y=\frac{48}{5}$ लेने पर x का मान प्राप्त होता है–

$\frac{3}{5}\left(61\pm 3\sqrt{385}\right)$ जो अग्राह्य है।

अपनी जटिल गणितीय प्रक्रिया और प्रतिस्थापन की विधि का एक से अधिक बार उपयोग करने के लिए, निम्न उदाहरण द्रष्टव्य हैं, जिसके अनुसार–

"वराहों के झुंड के अर्द्ध अंश के वर्गमूल की चौगुनी राशि जंगल में गई, जहाँ शेर क्रीड़ा कर रहे थे। शेष झुंड के दसवें भाग के वर्गमूल की अठगुनी राशि पर्वत पर गई। शेष के अर्द्धभाग के वर्गमूल की 9 गुनी राशि नदी किनारे गई, अंत में 56 वराह वन में देखे गए। तो वराहों की कुल संख्या बताओ।"

अर्थात $$x=4\sqrt{\frac{x}{2}}+8\sqrt{\frac{1}{10}(x-4)\sqrt{\frac{x}{2}}}+9\sqrt{\frac{1}{2}\left(x-4\sqrt{\frac{x}{2}}\right)-8\sqrt{\frac{1}{10}\left(x-4\sqrt{\frac{x}{2}}\right)}}+56$$

यहाँ $y = x - 4\sqrt{\frac{x}{2}}$ और $z = y - 8\sqrt{\frac{y}{10}}$

रखने पर x का ग्राह्य मान 200 प्राप्त होता है।

महावीर ने युगपत समीकरणों पर भी महत्वपूर्ण कार्य किया है। उन्होंने समीकरणों–

$$\left.\begin{aligned} x + y &= a \\ xy &= b \end{aligned}\right\}$$

और $x^2 + y^2 = c$

$$xy = b$$

के हल के नियम दिए हैं। एक घातीय युगपत समीकरणों के संदर्भ में उनका एक रोचक उदाहरण है–

दृष्ट्वा कुक्कुटयुद्धं प्रत्येकं तौ चुक्कुटिको।
उक्तौ रहस्यवाक्यैर्मन्त्रोषधशक्ति मन्महापुरुषेण ॥
जयति हि पक्षी ते मे देहि स्वर्ण ह्यविजयोऽसि दद्यां ते।
तदद्वित्र्यंशकमधेत्यपरं च पुनः स संसृप्य ॥
त्रिचतुर्थं प्रतिवाञ्छत्युभयस्माद द्वादशैव लाभः स्यात्।
तत्कुक्कुटिककरस्थं ब्रूहि त्वं गणकमुख तिलक ॥

–ग.सा.सं.-6 (270-272)

(मंत्र और औषधि की शक्ति वाले एक जादूगर (महापुरुष) ने मुर्गों की लड़ाई होते देखी। उसने मुर्गों के स्वामियों से पृथक-पृथक मंत्रणा की। एक से उसने कहा, "यदि तुम्हारा पक्षी जीतता है तो तुम मुझे दाँव पर लगाया हुआ धन दे देना परंतु हारने पर मैं तुम्हें उसका $\frac{2}{3}$ दूँगा।" दूसरे से उसने उन्हीं स्थितियों में लगाये गए धन का $\frac{3}{4}$ देने को कहा। प्रत्येक दशा में उसे दोनों से केवल 12 मुद्राएँ लाभ के रूप में मिलीं। हे गणितज्ञों के भूषण बताओ पक्षी के स्वामी के पास दाँव पर लगाने के लिए कितना-कितना धन था?)

उपरोक्त प्रश्न में वर्णित प्रतिबंधों से निम्न समीकरण बनते हैं–

$$x - \left(\frac{3}{4}\right)y = 12$$

$$y - \left(\frac{2}{3}\right)x = 12$$

और इन्हें हल करने पर $x = 42, y = 40$ प्राप्त होता है। महावीर ने समीकरणों के अंतर्गत एक घातीय, अनेक राशियों वाले समीकरण, उच्च घातीय समीकरण तथा एक घातीय अनिर्धारित समीकरणों को हल करने संबंधी जो नियम और उदाहरण दिए हैं, वे मौलिक तीक्ष्णता, विविधता और व्यापकीकरण की उनकी सहज क्षमता दर्शाते हैं।

बीजगणित में क्रमचय एवं संचय की विधियों पर भी महावीर का योगदान उल्लेखनीय है। क्रमचय एवं संचय के विषय में जैन-आचार्यों की परंपरागत रुचि रही है। महावीर ने संचय विषयक अपने उल्लेख में जो नियम दिया है, उसे आधुनिक संकेतों में हम निम्न रूप से व्यक्त कर सकते हैं–

$$n_{c_r} = \frac{n!}{r!(n-r)!}$$

श्रेणियों (Progression) पर भी महावीर का कार्य अपने पूर्ववर्ती गणितज्ञों की तुलना में अधिक व्यापक और व्यवस्थित है।

महावीर प्रथम भारतीय गणितज्ञ हैं जिन्होंने लघुत्तम समापवर्त्य की कल्पना की–

छेदापर्वतकानां जलब्धनां चाहतौ निरुद्धः स्यात्।
हरहृत निरुद्ध गुणिते हारांशगुणे समोहारः ॥

–ग.सा.सं.-3 (56)

(हरों के सभी संभव गुणनखंडों और उनके अंतिम भजनफलों के संतत गुणन से निरुद्ध (लघुत्तम समापवर्त्य) प्राप्त होता है। निरुद्ध को हरों द्वारा भाजित करने से प्राप्त भजनफलों में हरों और अंशों का गुणन करते हैं। इस प्रकार से प्राप्त हरों और अंशों संबंधी अपवर्त्यों के हर समान होते हैं।)

अनेक सरल और जटिल उदाहरणों के माध्यम से महावीर ने अपने नियम की व्याख्या की है–

एकद्विकत्रिकाद्येकोत्तरनवदशक षोड़शान्त्यहराः।
निजनिजमुख प्रमांशा स्वपराभ्यस्ताश्च किं फल तेषाम् ॥

–ग.सा.सं.-3 (60)

(भिन्नों के तीन समूह हैं, जहाँ हर 1, 2 और 3 से क्रमशः आरंभ होते हैं और उत्तरोत्तर एक द्वारा बढ़ते चले जाते हैं जब तक कि ऐसे हरों में अंतिम 9, 10 और 16 (क्रमशः विभिन्न समूहों में) नहीं हो जाते। इन भिन्नों के समूह में अंश, हरों के समूह की प्रथम संख्या के तुल्य हैं, और इन पर ऊपर कथित प्रत्येक समूहों वालों का प्रत्येक हर उत्तरवर्ती द्वारा गुणित किया जाता है। अंतिम हर प्रत्येक दशा में

अपरिवर्तित रहता है क्योंकि उसके उत्तरवर्ती हर का अभाव रहता है। बतलाओ कि अंत में इन परिणामी भिन्नों के प्रत्येक समूह का योग क्या होगा?)

जिन भिन्नों का योग चाहा गया है, वे निम्नानुसार हैं–

(i) $$\frac{1}{1\times2}+\frac{1}{2\times3}+\frac{1}{3\times4}+\frac{1}{4\times5}+\frac{1}{5\times6}+\frac{1}{6\times7}+\frac{1}{7\times8}+\frac{1}{8\times9}+\frac{1}{9}$$

(ii) $$\frac{2}{2\times3}+\frac{2}{3\times4}+\frac{2}{4\times5}+\frac{2}{5\times6}+\frac{2}{6\times7}+\frac{2}{7\times8}+\frac{2}{8\times9}+\frac{2}{9\times10}+\frac{2}{10}$$

(iii) $$\frac{3}{3\times4}+\frac{3}{4\times5}+\frac{3}{5\times6}+\frac{3}{6\times7}+\frac{3}{7\times8}+\frac{3}{8\times9}+\frac{3}{9\times10}+\frac{3}{10\times11}+$$
$$\frac{3}{11\times12}+\frac{3}{12\times13}+\frac{3}{13\times14}+\frac{3}{14\times15}+\frac{3}{15\times16}+\frac{3}{16}$$

इनमें से प्रथम भिन्न को जोड़ने के लिए, महावीर के अनुसार–

$2=2$

$6=2\times3$

$12=2\times2\times3$

$20=2\times2\times5$

$30=2\times3\times5$

$42=2\times3\times7$

$56=2\times2\times2\times7$

$72=2\times2\times2\times3\times3$

$9=3\times3$

अर्थात निरुद्ध = 2520 हुआ। भिन्नों को जोड़ने हेतु–

$$\frac{1\times1260}{2\times1260}+\frac{1\times420}{6\times420}+\frac{1\times210}{12\times210}+\frac{1\times126}{126\times20}+\frac{1\times84}{30\times84}+\frac{1\times60}{42\times60}+$$
$$\frac{1\times45}{56\times45}+\frac{1\times35}{72\times35}+\frac{1\times280}{9\times280}$$

$$=\frac{1260}{2520}+\frac{420}{2520}+\frac{210}{2520}+\frac{126}{2520}+\frac{84}{2520}+\frac{60}{2520}+$$
$$\frac{45}{2520}+\frac{35}{2520}+\frac{280}{2520}$$

$$=\frac{2520}{2520}=1$$

इसी प्रकार शेष दो भिन्नों का भी योग प्राप्त किया जा सकता है। ऐसी भिन्नें जिनके अंश में 1 होता है–एकांशक कहलाती हैं। इन भिन्नों की विस्तृत विवेचना महावीर की मौलिक देन है। उन्होंने किसी दी हुई भिन्न को एक से अधिक एकांशक भिन्नों के जोड़ के रूप में व्यक्त करने के अनेक नियम दिए हैं। महावीर ने ऐसी भिन्नों को रूपांशक कहा है। अन्य गणितज्ञों ने इस विषय का स्पर्श तक नहीं किया है। श्रीनिवास आयंगर ने अपनी पुस्तक The History of Ancient Indian Mathematics में महावीर की इन प्रविधियों को अत्यंत रोचक बताया है। उदाहरण के लिए–

$$\frac{2}{43} = \frac{84}{43 \times 42} = \frac{43+21+14+6}{43 \times 42} = \frac{1}{42} + \frac{1}{86} + \frac{1}{129} + \frac{1}{301}$$

$$\frac{2}{43} = \frac{1}{24} + \frac{1}{258} + \frac{1}{1032}$$

$$= \frac{1}{36} + \frac{1}{86} + \frac{1}{172} + \frac{1}{774}$$

इससे स्पष्ट होता है कि दी हुई भिन्न को एक से अधिक रूप में एकांशक (रूपांशक) भिन्नों के योग रूप में लिखा जा सकता हैं। इस प्रकार की विभिन्न भिन्नों को एकांशक भिन्नों में विश्लेषित करने का ज्ञान प्राचीन मिस्रवासियों को था। भारत में 14वीं शताब्दी में नारायण ने अपनी 'गणित कौमुदी' में ऐसे कुछ नियमों का उल्लेख किया है। परंतु इन भिन्नों की विस्तृत व्याख्या प्रत्येक स्थिति में सत्य रहने वाले नियमों की रचना और व्यापक तथा जटिल उदाहरण–महावीर की अपनी विशेषता है। *गणितसार-संग्रह* के 7वें अध्याय, क्षेत्रगणित व्यवहार, में महावीर ने परंपरागत ज्यामितीय ज्ञान को परिष्कृत करते हुए उसमें कतिपय मौलिक अवधारणाओं का समावेश कर उसे समृद्ध किया है। इसके अंतर्गत समकोण त्रिभुज के निर्माण के नियम दिए गए हैं। ये नियम महावीर की अद्भुत कल्पनाशीलता एवं बीजगणितीय तथा ज्यामितीय प्रक्रियाओं पर उनके समान अधिकार के द्योतक हैं। उन्होंने ज्ञात कर्ण द्वारा समकोण त्रिभुजों के जनन के 3 नियम दिए हैं।

यदि बीज राशि (m, n) है, तो उनसे जन्य समकोण त्रिभुज में–

लंब $= m^2 - n^2$

आधार $= 2mn$

कर्ण $= m^2 + n^2$

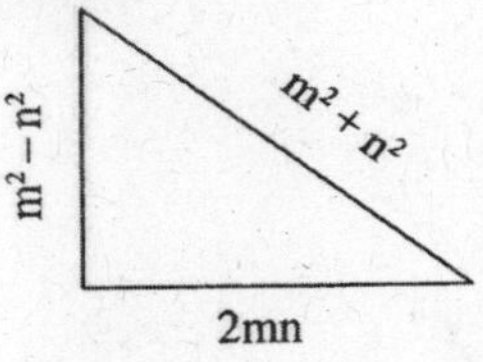

यदि दिया हुआ कर्ण c है तो वांछित त्रिभुज के लंब, आधार और कर्ण, महावीर के नियमानुसार–

$$\left(\frac{m^2 - n^2}{m^2 + n^2}\right) c, \left(\frac{2mn}{m^2 + n^2}\right) c, c$$

हैं। नियम को स्पष्ट करते हुए महावीर ने ऐसे चार त्रिभुजों के लंब और आधार ज्ञात किए हैं जिनके कर्ण का माप 65 है–

(39, 42, 65), (25, 60, 65), (33, 56, 65) और (16, 63, 65)

- इस प्रकार हम देखते हैं कि महावीर ने अपने योगदान से भारत में गणित के विकास की परंपरा को अक्षुण्ण रखते हुए उसे समृद्ध और विकसित किया। वे संपूर्ण रूप से गणित को समर्पित थे। शुष्क और नीरस अवधारणाओं की लोकरंजक प्रस्तुति उनकी काव्यात्मक प्रतिभा का चमत्कार है। जिस प्रकार उन्होंने स्वयं गणित की प्रशंसा करते हुए लिखा है–

बहुभर्विप्रलापैः किं त्रैलोक्ये सचराचरे।
यत्किचिस्तु तत्सर्वं गणितेन बिना न हि ॥

(व्यर्थ के प्रलाप से क्या लाभ? जो कुछ इन तीनों लोकों में चर या अचर है, उन सबका अस्तित्व गणित से विलग नहीं।)

उसी प्रकार भारत में गणित के विकास में उनके योगदान को कभी भुलाया नहीं जा सकता। उनके कार्यों में काव्यात्मक प्रफुल्लता है, परंपरागत भारतीय चिंतन की वैज्ञानिक प्रखरता है, कल्पना का व्यापक विस्तार है, जैन-आगम ग्रंथों की सनातनता है, श्रमण निस्पृहता है और है गणितीय परुषता। भारत के गणितज्ञों में उनका स्थान अप्रतिम और अद्वितीय है।

अरब में बीजगणित–अल्-ख्वारिज्मी

7वीं शताब्दी। महान रोमन साम्राज्य का अंत हो चुका था और ग्रीको-रोमन सभ्यता भी समाप्त हो चुकी थी। इसके साथ ही वह सामाजिक संरचना भी नष्ट हो गई थी, जिसका निर्माण इस सभ्यता ने किया था। उत्तरी यूरोप में कबीलों का उदय हो रहा था, और एक नई सभ्यता जन्म लेने को थी। कुस्तुनतूनिया का शहर अभी भी भव्य और आकर्षक था–यद्यपि वहाँ का साम्राज्य शनैः शनैः दुर्बल होता जा रहा था। पश्चिम और अफ्रीका में ईसाई धर्म का प्रभाव था और एशिया में जोरास्त्र धर्म फैल रहा था। इसी समय सारे यूरोप में प्लेग की महामारी ने लाखों लोगों की जान ली। भारत में इस समय हर्षवर्धन का राज्य था और चीनी यात्री हुएन-सांग भारत भ्रमण कर रहा था। लगभग इसी समय इस्लाम का उदय एक ऐतिहासिक अनिवार्यता थी। हज़रत मोहम्मद साहब–(570-632) के बारे में लिखते हुए, ड्रेपर ने अपने ग्रंथ–History of the Intellectual Development of Europe. Vol 1 में उन्हें, विश्व का सर्वाधिक प्रभावशाली व्यक्ति बताया है। सुप्रसिद्ध अमरीकी विद्वान हेरोल्ड ब्लूम अपनी बहुचर्चित कृति 'जीनियस' में मोहम्मद साहब को, वाचिक परंपरा के अंतर्गत विश्व के श्रेष्ठतम गद्य-कवियों में शामिल करते हैं। दो शहरों मक्का और मदीना से प्रारंभ मोहम्मद साहब की यात्रा को उनके उत्तराधिकारियों ने संघर्ष और सैनिक अभियानों की लंबी शृंखला से गुजरते हुए–एक सशक्त साम्राज्य के रूप में विकसित किया। खलीफाओं ने 636 ई. में सीरिया पर और 650 में पर्शिया पर पूरा अधिकार कर लिया। भारत पर 664 ई. में आक्रमण हुआ। कुस्तुनतुनिया 669 में, इजिप्ट 642 में, कार्थेज 697 में और स्पेन 711 ई. में जीत लिया गया। 732 ई. तक इटली के कई प्रदेशों पर विजय प्राप्त कर ली गई थी।

- खलीफा अल्-मंसूर ने दजला नदी के पश्चिमी तट पर अपनी राजधानी बगदाद में स्थापित की। शीघ्र ही बगदाद न केवल एक खूबसूरत शहर के रूप में प्रसिद्ध हो गया अपितु ज्ञान-विज्ञान के केंद्र के रूप में भी जाना जाने लगा। यही बगदाद अरेबियन नाइट्स की दिलकश कहानियों का शहर था। यही इस्लामी राज्यसत्ता का केंद्र तथा कला और संस्कृति का हसीन शहर था। यहीं बगदाद में खलीफा अल्-मामू ने एक 'बेत अल्-हिकमत' (विद्यापीठ) स्थापित किया था,

जहाँ देश-विदेश के विद्वान आमंत्रित किए जाते थे। वहीं 772 ई. में भारतीय ज्योतिषाचार्य पं. कंका की उपस्थिति के प्रमाण मिलते हैं। अरब खलीफा विद्वानों का बहुत आदर करते थे। वे उन्हें खुदा का दूत मानते थे। उनकी राय में ये विद्वान उस प्रकाशपुंज के समान थे, जिसकी गैर-मौजूदगी में इस दुनिया के जहालत के अँधेरों में फिर से डूब जाने का खतरा था।

अरब किताबों के बहुत शौकीन थे। प्लेटो, अरस्तू, यूक्लिड, एपोलोनियस, टॉलमी, हिप्पोक्रेटस आदि के ग्रंथ हम तक उनके अरबी अनुवादों के माध्यम से ही पहुँचे हैं। दरअसल ज्ञान की प्राचीन और समृद्ध ग्रीक परंपरा को अनुवादों के रूप में सुरक्षित रखने का श्रेय अरब जाति को ही है और उनके इस कार्य के लिए संपूर्ण सभ्य विश्व सदा ही अरब जाति का ऋणी रहेगा। मानवेंद्र नाथ राय ने अपनी कृति 'The Historical Role of Islam' में लिखा है–'आधुनिक बुद्धिवाद के जनकों तक ग्रीक ज्ञान की समृद्ध विरासत अरबी दार्शनिकों और वैज्ञानिकों के माध्यम से ही पहुँची थी और वैज्ञानिक शोध-प्रवृत्तियों के अग्रदूत रॉजर बेकन अरबी विद्वानों की शिष्य परंपरा में ही थे।' अलेक्जेंड्रिया के विशाल ग्रंथागार को जलाने का आरोप खलीफा उमर पर लगाया जाता है–जो अविश्वसनीय प्रतीत होता है। राय महाशय, इस पर टिप्पणी करते हुए लिखते हैं–'One must have a pious mind or credulous disposition to believe that those who took delight in founding and supporting such noble seats of learning; would have Callously set fire to the library of Alexandria; that those who Command gratitude of mankind for having saved its most precious patrimony, could have possibly begun by contributing to the destruction of that treasure.'

ऐसा लगता है कि 5वीं शताब्दी में हाइपेशिया की निरंकुश हत्या के समय इस लाइब्रेरी का एक बहुत बड़ा भाग ईसाई धर्मगुरु सिर्रील के इशारे पर नष्ट कर दिया गया था। इसके पूर्व चौथी शताब्दी में थियोडोसियस ने भी इसे जलाकर अपने स्नानागारों को गरम किया था। यद्यपि बीजगणित का प्रारंभ डायोफेंटस से हो गया था परंतु इसे सामान्य अध्ययन का विषय बनाने का श्रेय अरब गणितज्ञों को ही है।

बगदाद के विद्यापीठ में ग्रंथपाल थे–सुप्रसिद्ध गणितज्ञ **अबू अब्दुला मुहम्मद इब्न मूसा अल्-ख्वारिज्मी** (780-850) (Abu Abadullah Mohammed ibn Musa al-khowarizmi) अल्-ख्वारिज्मी के बारे में हमें कुछ जानकारी अल्-नादिम (987 ई.) की 'किताब् अल्-फिरहिस्त' में मिलती है, जिसके अनुसार–

- अल्-ख्वारिज्मी का जन्म ईरान के ख्वारिज्म नामक स्थान पर हुआ था।

- ये खलीफा अलू-मामू के समकालीन थे और उनके कहने पर इन्होंने टॉलमी के पर्यवेक्षणों और तालिकाओं का संशोधन किया था।
- इन्होंने भारतीय ज्योतिष सिद्धांतों और भारतीय अंक पद्धति की व्याख्या की थी।

जार्ज सार्टन के अनुसार अलू-ख्वारिज्मी ने अफगानिस्तान और भारत की यात्राएँ भी की थीं।

इतिहासकार अलू-तबरी ने अलू-ख्वारिज्मी के लिए एक अतिरिक्त उपनाम अलू-कुत्रुबुल्ली का प्रयोग किया है, जिससे यह अनुमान लगाया गया है कि वे बगदाद के निकट टिगरिस और यूफ्रेटस नदियों के मध्य स्थित कुत्रुबुल्ल से आए थे। अनेक इतिहासकारों का मानना है कि अलू-ख्वारिज्मी के पूर्वज ख्वारिज्मी से निकलकर कुत्रुबुल्ल आ गए होंगे।

- भारतीय अंक गणित पर लिखी उनकी पुस्तक का नाम है–'हिसाब अल-हिन्द' या 'किताब अलू-जाम : ब तफरीक बि हिसाब अलहिन्द'। इसका लैटिन अनुवाद 'लिबेर अलगोरिज्मी दे न्यूमेरो हिन्दोरम' शीर्षक से छपा, जिससे 'एलगोरिथम' शब्द प्रचलन में आया। बीजगणित पर लिखी उनकी कृति है– *'किताब अलू-जब्र व अल-मुकाबिल'* बीजगणित का यह ग्रंथ उन्होंने 825 ई. में लिखा और इसे अपने संरक्षक खलीफा अलू-मामू को समर्पित किया। इसी के लैटिन अनुवाद में आए अलजब्र शब्द से अलजेब्रा बना जो बाद में बीजगणित के लिए ही प्रयुक्त होने लगा। अरबी शब्द अलू-जबर, यूरोप में स्पेन से आया। स्पेन में कई शताब्दियों तक हड्डी बिठाने की कला में प्रवीण केश कर्तकों को 'अलजब्रिस्त' कहा जाता था। 1565 में, J. Halle नामक एक लेखक ने अपने पाठकों से कहा–'This Araby word Algebra sygnifyeth as well as fractures of bones as sometyme the restauration of the some.' दरअसल अलू-जबर और अलू-मुकाबिल–ये दो शब्द दो क्रियाओं को दर्शाते हैं। उदाहरण के लिए, समीकरण–

$8x^2 - 4x + 6 = 6x^2 + 4$ में

$$8x^2 - 4x + 6 + 4x = 6x^2 + 4 + 4x$$

i.e. $$8x^2 + 6 = 6x^2 + 4x + 4 \quad \text{(अलू-जबर से)}$$

अब $$x^2 + 1 = 2x \quad \text{(अलू-मुकाबिल से)}$$

बीजगणित पर अपने ग्रंथ की प्रस्तावना में उसके लिखे जाने के उद्देश्य पर प्रकाश डालते हुए, अलू-ख्वारिज्मी लिखते हैं कि इमाम अलू-मामू–'has encouraged me to write a short work on calculating by completion and reduction, confining it to what is easiest and most useful in arithmetic, such as men constantly require in cases of inheritance, legacies, partition, law suits and trade and in all their dealings with another, or where the measuring of lands, the digging of channels, geometrical computation and other objects of various sorts and kinds are concerned.'

अल्-ख्वारिज्मी के बीजगणित के तीन खंड हैं। प्रथम भाग में वर्ग-समीकरण संबंधी व्याख्याएँ हैं। दूसरा भाग क्षेत्र ज्यामिती (Mensuration) पर है–इसमें क्षेत्रफल और घनफल निकालने की विधियाँ हैं। यदि d वृत्त का व्यास और p परिधि हो तो अल्-ख्वारिज्मी तीन नियम देते हैं–

$$p = 3\frac{1}{7}d \quad \ldots \quad \text{(आर्कमिडीज, हेरोन)}$$

$$p = \frac{62832}{20000}d \quad \ldots \quad \text{(आर्यभट)}$$

$$p = \sqrt{10d^2} \quad \ldots \quad \text{(ब्रह्मगुप्त)}$$

तीसरे भाग में (जो सबसे बड़ा है), अल्-ख्वारिज्मी इस्लामी कानून और नियम के अंतर्गत उत्तराधिकार, संपत्ति के बँटवारे व अन्य विवादों संबंधी प्रश्नों की चर्चा करते हैं।

- वर्ग समीकरणों को हल करने की अल्-ख्वारिज्मी की विधि निम्नानुसार है–

$$X^2 + 2BX = C$$

(I) $X^2 + 2BX + B^2 = C + B^2, \left[\frac{1}{2}(2B)\right]^2$ दोनों पक्षों में जोड़ने पर

(II) $(X + B)^2 = C + B^2$

(III) $X + B = \sqrt{C + B^2}$

(IV) $X = \sqrt{C + B^2} - B$

यद्यपि वे वर्ग समीकरणों के दो मूलों का अस्तित्व जानते थे पर उन्होंने वास्तविक और धनात्मक मूल ही स्वीकार किए हैं।

अल्-ख्वारिज्मी ने समीकरणों के 6 प्रकारों पर विचार किया है–

(i) $bx = ax^2$

(ii) $bx = c$

(iii) $ax^2 = c$

(iv) $ax^2 + bx = c$

(v) $bx + c = ac$

(vi) $ax^2 + c = bx$

इनको हल करने की प्रविधियों को देने के उपरांत अल्-ख्वारिज्मी लिखते हैं– 'इन 6 प्रकार के समीकरणों पर, जहाँ तक संख्यात्मक हल का संबंध है, हमने पर्याप्त विचार कर लिया है। इन प्रश्नों की सत्यता को अब ज्यामितीय रूप में व्यक्त करना आवश्यक है।'

अल्-ख्वारिज्मी का ही एक उदाहरण है–

$$x^2 + 10x = 39$$

(अल्-ख्वारिज्मी x को मूल 'Root' कहते हैं)

1. मूल की संख्या का आधा करो (= 5)
2. इसका वर्ग करो (= 25)
3. इसे 39 में जोड़ो (= 64)
4. इसका वर्गमूल लो (= 8)
5. क्र. (i) में प्राप्त संख्या (= 5) से अंतर (= 3) हल है।

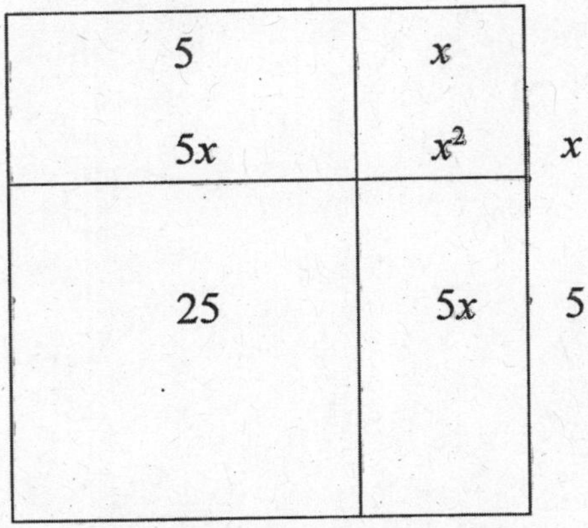

अल्-ख्वारिज्मी की इन व्याख्याओं पर ग्रीक प्रभाव स्पष्ट देखा जा सकता है। यह स्वाभविक भी था, क्योंकि अरेबिक विद्वान ग्रीक विचारों से बेहद प्रभावित थे। पर इससे यह निष्कर्ष कि अल्-ख्वारिज्मी ग्रीक परंपरा के गणितज्ञ थे, नहीं

निकाला जा सकता। अल्-ख्वारिज्मी की प्रस्तुति, शैली और विधियाँ ग्रीक गणितज्ञों से भिन्न हैं। ग्रीक गणितज्ञों के विपरीत बीजगणित में अल्-ख्वारिज्मी का उद्‌देश्य व्यावहारिक और प्रायोज्यमूलक रहा है। अल्-ख्वारिज्मी के समकालीन विद्वान अल्-हज्ज़ाज इब्न यूसुफ इब्न मतर ने यूक्लिड का अरबी अनुवाद किया था और उसे परिष्कृत भी किया था। यह आश्चर्य ही है कि ख्वारिज्मी कहीं भी अल्-हज्ज़ाज का उल्लेख नहीं करते। हरमन हेंकल (Herman Hankel) और एच. वीडमान (H. Weidmann) आदि लेखकों ने ख्वारिज्मी पर एक देशज सीरियन-प्रूशियन परंपरा के प्रभाव की चर्चा की है। विशेष उल्लेखनीय है कि अल्-ख्वारिज्मी की प्रस्तुति में संस्कृत बीजगणितीय ग्रंथों के समान ही शब्दाडंबर है। उन्होंने भारतीय अंकों पर लिखा था और π का प्रयुक्त मान भारतीय है–यद्यपि भारतीय बीजगणित अपनी प्रकृति और प्रस्तुति में अल्-ख्वारिज्मी के बीजगणित से भिन्न है फिर भी अल्-ख्वारिज्मी के स्रोतों में भारतीय हिंदू गणितज्ञों का प्रभाव स्पष्ट रूप से देखा जा सकता है।

अल्-ख्वारिज्मी की पुस्तक कई वर्षों तक उपयोग में लाई गई। इसमें एक ही कमी रह गई थी और वह थी संकेतों के उपयोग की–पर उसके लिए गणित को अभी कुछ और प्रतीक्षा करनी थी।

थाबित इब्नकुर्रा और खय्याम

- कुर्रा का पूरा नाम है–अबू अलू-हसन थाबित बेन कुर्रा बेन मारवान अलू-हर्रानी (Abû al Hasan Tābit ben Qurra ben Marwān al-Harrani : 824-901)

फिहरिश्त के अनुसार कुर्रा की मृत्यु 77 वर्ष की आयु में 901 ई. में हुई थी। वे एक श्रेष्ठ अनुवादक के रूप में जाने जाते हैं। गणित, ज्यामिती और ज्योतिष के साथ-साथ ग्रीक और सीरियाई भाषाओं पर उनका असाधारण अधिकार था। उन्होंने एपोलोनियस, आर्किमीदीज, टॉलमी के ग्रंथों के अरबी अनुवाद किए। इब्न इशाक द्वारा अनूदित यूक्लिड के ज्यामिती के अरबी संस्करण को संशोधित कर, उसे अधिक सुपाठ्य बनाने का कार्य भी कुर्रा ने किया।

वे हर्रान के सेबियन थे। हर्रान में कुर्रा का व्यवसाय था। अपने धार्मिक विचारों और नव अफलातूनी मान्यताओं के कारण उन्हें शहर बदर कर दिया गया था। मुहम्मद इब्न मूसा बिन साकिर के आग्रह पर वे बगदाद आ गए। अपना शेष जीवन उन्होंने बगदाद में अनुवाद कार्य में लगाया। कुर्रा का बगदाद आना 873 ई. के पूर्व की घटना है–क्योंकि जनवरी 873 में मुहम्मद मूसा साकिर की मृत्यु हो गई थी।

अपनी एक संक्षिप्त मौलिक रचना : 'किताब अमल अलू-मसल हन्देसिया' (On the correct solutions of Algebraie problems by Geometric methods) में उन्होंने यूक्लिड के प्रमेयों का उपयोग करते हुए अलू-ख्वारिज्मी के समीकरणों की व्यापक ज्यामितीय व्याख्या प्रस्तुत की। Book on Determination of Amicable Numbers में कुर्रा ने मित्र-संख्याओं–Amicable Numbers की विवेचना की है। कुर्रा के अनुसार, यदि–

$p = 3.2^{n-1} - 1$ और $q = 3.2^{n} - 1$ और

$r = 9.2^{n-1}$, अभाज्य हों तो

$M = 2^{n}\, p.q$ और $N = 2^{n}\, r$

मित्र-संख्याएँ होंगी। कुर्रा के इस नियम को शताब्दियों बाद फर्मा और दकार्ता ने भी पुनः प्राप्त किया था। कुर्रा ने जादुई वर्गों (Magic squares) पर भी कार्य किया था।

यह थाबित कुर्रा के अथक परिश्रम का ही फल है कि अनुपलब्ध प्राचीन ग्रंथों की संख्या सीमित है। उन्हें अरेबिक जगत का पेप्पस भी कहा जाता है।

- उमर खय्याम (Abû al-Fath Umer ben Ibrahim al-Haygāmi, Giyat al-din : 1040-1123) मध्ययुग के सर्वश्रेष्ठ गणितज्ञ और ज्योतिषविद् थे। बीजगणित में उनकी प्रतिभा चर्मोत्कर्ष पर थी। वे ज्यामिती के प्रयोग में भी अत्यंत कुशल थे। यह विडंबना ही है कि गणित में उनका योगदान कम चर्चित हुआ है। एक गणितज्ञ की बनिस्बत वे एक कवि के रूप में कहीं ज्यादा जाने जाते और चर्चित हैं। उन्होंने स्वयं अपनी एक रुबाई में कहा है–

दर्शनों का सीखा सिद्धांत
गणित विद्या सीखी दे ध्यान
खपाया ज्योतिष में मस्तिष्क
बढ़ाया जड़ जीवों का ज्ञान
जगत की ज्याला से मैं तृप्त
जलाशय ज्ञान-विवेक अनेक
मगर सब छिछले उथले क्षीण
मिला बस प्याला गहरा एक।

उनका जन्म फारस के निशापुर में हुआ था। प्राचीन व्यापार मार्ग जो भारत से यूनान और रोम को जाता था–निशापुर होकर गुजरता था। इस प्रकार फारस भारत के दार्शनिक विचारों से न केवल परिचित था अपितु भारतीय विद्वानों के भी वहाँ मौजूद होने की संभावना नकारी नहीं जा सकती। फलस्वरूप उमर खय्याम के काव्य में कहीं-कहीं औपनिषदिक रहस्यात्मकता पाई जाती है। होमर और दाँते की भाँति उनका काव्य लोकप्रिय रहा है और उनकी गणितीय प्रतिभा उपेक्षित ही रही है। निम्न रुबाई में उनकी वेदना स्पष्ट व्यक्त होती है–

किया जिनको चिर दिन से प्यार
उन्होंने ही ऐसा व्यवहार
किया, जिससे सारा संसार
मुझे कहता कंचन से क्षार
दिया छिछले प्याले में बोर
उन्होंने मेरा गौरव-मान
और दी ख्याति प्रतिष्ठा बेच
उन्होंने लेकर बस यह गान।

यद्यपि अभी भी यह निश्चित रूप से नहीं कहा जा सकता है कि कवि खय्याम और गणितज्ञ खय्याम एक ही थे या दो अलग व्यक्ति थे। उमर खय्याम ने अपने गणितीय कार्य द्वारा समीकरणों के हल की ज्यामितीय विधियों को सर्वोकृष्ट ऊँचाई तक पहुँचा दिया था। उन्होंने समीकरणों को उनके पदों (terms) की संख्या के आधार पर वर्गीकृत किया। त्रिघातीय समीकरणों को हल करने की उनकी विधि दो शांकवों के उभयनिष्ठ बिंदु को ज्ञात करने पर आधारित है। आइए, खय्याम की विधि से समीकरण–

$X^3 + bx = a$ को हल करें।

एक परवलय $x^2 = \sqrt{b} \times y$ और

एक वृत्त $y^2 = x\left(\frac{a}{b} - x\right)$ लीजिए।

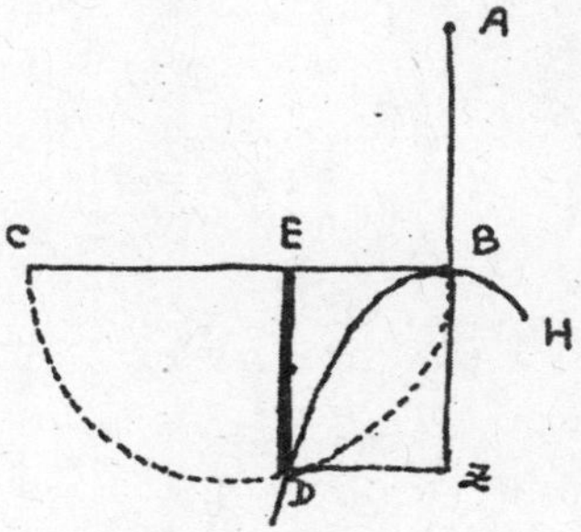

चित्र-1

माना कि $AB^2 = b, AB^2 \times BC = a$

$DE \perp BC$

परवलय में $DZ^2 = BZ \times AB$

चूँकि $DZ = BE$ और $ED = BZ$

$$\therefore \frac{AB}{BE} = \frac{BE}{ED} \quad ...(1)$$

वृत्त से $$\frac{BE}{ED} = \frac{ED}{EC} \quad ...(2)$$

(1) और (2) से प्राप्त होता है– $$\frac{AB}{BE} \times \frac{AB}{BE} = \frac{BE}{ED} \times \frac{ED}{EC}$$

अर्थात $$\frac{AB^2}{BE^2} = \frac{BE}{EC}$$

i.e. $BE^3 = AB^2 \times EC$

$\therefore BE^3 + AB^2 \times EB = AB^2 \times EC + AB^2 \times EB$

i.e. $BE^3 + AB^2 \times EB = AB^2 \times BC$

i.e. $BE^3 + b \times BE = a$

अर्थात $BE = x$, समीकरण का हल है।

खय्याम ने विभिन्न त्रिघातीय समीकरणों के हल के लिए संगत शांकवों की सूची दी है–

समीकरण	*शांकव*	
(1) $x^3 + a = bx$	परवलय	$x^2 = \sqrt{b} \times y$
	अतिपरवलय	$y^2 = x\left(x + \frac{b}{a}\right)$
(2) $x^3 = bx + a$	परवलय	$x^2 = \sqrt{b} \times y$
	अतिपरवलय	$y^2 = x\left(x + \frac{b}{a}\right)$
(3) $x^3 + cx^2 = a$	अतिपरवलय	$xy = a^{2/3}$
	परवलय	$y^2 = a^{1/3}(x + c)$
(4) $x^3 + a = cx^2$	अतिपरवलय	$xy = a^{2/3}$
	परवलय	$y^2 = (c - x)a^{1/3}$
(5) $x^3 + cx^2 = a$	अतिपरवलय–	$xy = \sqrt{ac}$
	परवलय	$y^2 = c(x - c)$
(6) $x^3 + cx^2 + be = a$	वृत्त	$y^2 = \left(\frac{a}{b} - x\right)(x + c)$
	अतिपरवलय	$xy = \left(\frac{a}{b} - x\right)$
(7) $x^3 + cx^2 + a = bx$	अतिपरवलय	$y^2 = \left(x - \frac{a}{b}\right)(x + c)$
	अतिपरवलय	$xy = \sqrt{a}\left(x - \frac{a}{b}\right)$
(8) $x^3 + bx + a = cx^2$	वृत्त	$y^2 = \left(x + \frac{a}{b}\right)(c - x)$
	अतिपरवलय	$xy = \sqrt{b}\left(x + \frac{a}{b}\right)$

समीकरण		शांकव
(9) $x^3 = cx^2 + bx + a$	अतिपरवलय	$xy = \sqrt{b}\left(x + \frac{a}{b}\right)$
	अतिपरवलय	$y^2 = \left(x + \frac{a}{b}\right)(x - c)$
(10) $x^3 + cx^2 = bx + a$	अतिपरवलय	$xy = \sqrt{b}\left(x + \frac{a}{b}\right)$
	अतिपरवलय	$y^2 = \left(x + \frac{a}{b}\right)(x + c)$
(11) $x^3 + bx = cx^2 + a$	अतिपरवलय	$xy = \sqrt{b}\left(x - \frac{a}{b}\right)$
	वृत्त	$y^2 = \left(x - \frac{a}{b}\right)(c - x)$
(12) $x^3 + a = cx^2 + bx$	अतिपरवलय	$xy = \sqrt{b}\left(x - \frac{a}{b}\right)$
	अतिपरवलय	$y^2 = \left(x - \frac{a}{b}\right)(x - c)$

शांकवों के प्रतिच्छेदन की ज्यामितीय विधि से त्रिघात समीकरणों को हल करने वाले खय्याम पहले गणितज्ञ नहीं थे। अपने ग्रंथ के अंत में उन्होंने मुहम्मद इब्न अल्-लायत अबू अल्-जुद (Muhammad ibn al-lait Abu al-Jud) का उल्लेख किया है, जिन्हें यह विधि ज्ञात थी। खय्याम ने अल्-जुद की विधि का वर्णन भी किया है।

खय्याम ने समीकरणों के केवल धनात्मक मूलों को ही स्वीकार किया है। ई.टी. बेल और काजोरी ने इसीलिए खय्याम की तीखी आलोचना भी की है। मेरे विचार से यदि खय्याम 16वीं शताब्दी के होते तो उनकी यह आलोचना औचित्यपूर्ण होती। यहाँ यह भी उल्लेखनीय है कि कार्डन (1545) ने भी त्रिघातीय समीकरण में ऋणात्मक मूलों को कल्पित माना है और काल्पनिक मूलों की तो उपेक्षा ही की है।

खय्याम की इसलिए भी आलोचना की जाती है कि उनका यह कथन कि, 'त्रिघातीय समीकरणों को दो प्रतिच्छेदी शांकवों की सहायता के बिना हल नहीं किया जा

सकता', बीजगणितीय हलों को नकारता है। दरअसल खय्याम का मूल्यांकन ऐतिहासिक विकास क्रम के सापेक्ष ही किया जाना चाहिए। खय्याम के बाद त्रिघातीय समीकरणों को हल करने के प्रयास गुमनामी के अँधेरों में डूब गए और इस दिशा में किसी भी कार्य के प्रति इतिहास मौन है। लगभग 5 शताब्दी के बाद तार्तागिला द्वारा प्रस्तुत प्रविधियाँ प्रथम बीजगणितीय हल के रूप में प्रतिष्ठा पा सकीं।

खय्याम की इसलिए भी आलोचना की जाती है कि उन्होंने कहा था कि चतुर्थघात के समीकरणों को ज्यामितीय प्रविधियों से हल नहीं किया जा सकता। दरअसल उस समय इसके लिए आवश्यक विमा की ज्यामिती का अनुमान लगा पाना असंभव ही था।

अपने युग के प्ररिप्रेक्ष्य में खय्याम का ज्ञान बहुत ऊँचे स्तर का था। विभिन्न समीकरणों के लिए उपयुक्त शांकवों का चयन उनकी गणितीय कुशलता को दर्शाता है। हाँ, जब एक से अधिक धनात्मक मूल हों तब भी खय्याम शांकवों की केवल एक शाखा लेकर एक ही हल प्राप्त करते हैं। यह बड़े आश्चर्य की बात है कि उनके परवर्ती गणितज्ञों ने खय्याम के कार्य में दिलचस्पी बताने की बजाय उसकी उपेक्षा की। संभवतया खय्याम अपने युग से कहीं आगे थे–इसीलिए शीघ्र ही उनका कार्य भुला दिया गया। एक गणितज्ञ के रूप में उमर खय्याम भुला दिये गए और वे केवल रुबाइयों के उमर खय्याम के रूप में ही याद किए जाते रहे। अपने युग का एक श्रेष्ठ गणितज्ञ एक कवि होकर रह गया–जिसकी इच्छा मात्र इतनी रह गई हो–

घनी सिर पर तरुवर की डाल
हरी, पाँवों के नीचे घास
बगल में मधुमदिरा का पात्र
सामने रोटी के दो ग्रास
सरस कविता की पुस्तक हाथ
और, सबके ऊपर तुम, प्राण,
गा रहीं छेड़ सुरीली तान
मुझे अब मरु नंदन-उद्यान।

खय्याम की मृत्यु 1123 में हुई। यह अरेबिक विज्ञान, इस्लाम की सांस्कृतिक समृद्धि और मुस्लिम साम्राज्य के पराभाव की शुरुआत थी। यह एक सुखद संयोग ही था कि ज्ञान-विज्ञान की इस बौद्धिक विरासत को स्वीकार करने को यूरोप तैयार हो रहा था। पुनर्जागरण का युग इतिहास के दरवाजों पर खड़ा था।

भास्कराचार्य

भास्कर का अर्थ होता है–सूर्य! भारतीय ज्योतिष और गणित के आकाश में उनकी मौलिक और गवेषणात्मक प्रतिभा दोपहर के प्रखर सूर्य की तरह ही दैदीप्यमान है। वे भारतीय गणितज्ञों में सर्वश्रेष्ठ हैं। अपने प्रसिद्ध ग्रंथ–Introduction to the History of Science (Vol-II) में जॉर्ज सार्टन लिखते हैं :

> बारहवीं सदी के ये हिंदू गणितज्ञ केवल कुशल व्याख्याकार ही नहीं अपितु मौलिक विचारक भी थे। वे बहुत-सी नई बातें कह गए हैं। उस युग के किसी अन्य गणितज्ञ में बीजगणित का इतना सुव्यवस्थित ज्ञान परिलक्षित नहीं होता। अफसोस है कि भास्कर का जन्म तब हुआ जब कि यूरोप में ज्ञान-विज्ञान का पुनर्जागरण अपने उषाकाल में था और भारत में तब सांध्य का झुटपुटा हो चला था, जो उनके जन्म से कुछ समय के लिए अत्यंत उज्ज्वल हो उठा था। हम भास्कर को भारतीयों का अंतिम और सर्वश्रेष्ठ गणितज्ञ कह सकते हैं।

अपने ग्रंथ 'सिद्धांत शिरोमणि' में भास्कर ने अपने स्वयं के बारे में जानकारियाँ दी हैं–

"रसगुणपूर्ण मही समशकनृपसमयेऽभवन्ममोत्पत्ति
रसगुणवर्षेण मया सिद्धान्त शिरोमणि रचितः"

अर्थात

रस	गुण	पूर्ण	मही
6	3	0	1

'अंकाना वामतो गतिः' के अनुसार–"शक संवत् 1036 में मेरा जन्म हुआ और 36 वर्ष की आयु में मैंने *सिद्धांत शिरोमणि* की रचना की।"

इस प्रकार 1036 + 78 = 1114 ई. में भास्कर का जन्म हुआ और उन्होंने 1150 ई. में *सिद्धांत शिरोमणि* की रचना की। *सिद्धांत शिरोमणि* के ही–

'आसीन्महेश्वर इति प्रथित पृथिव्याम्
आचार्य वर्य पदवी विदुषां प्रपन्नः'

और

'नानासज्जन धाम्नि विज्जडविडे शांडिल्य गोत्रो द्विजः'

जैसे उल्लेखों से ज्ञात होता है कि भास्कर के पिता का नाम महेश्वर था और उन्होंने अपने पिता से शिक्षा प्राप्त की थी। वे शांडिल्य गोत्र के ब्राह्मण थे और उनका मूल निवास विज्जडविड था। शंकर बालकृष्ण दीक्षित के अनुसार महेश्वर का जन्म 1078 ई. में हुआ था। महेश्वर द्वारा रचित करण ग्रंथ और *जातक-टीका* ग्रंथ का उल्लेख मिलता है। *वृत्तशत* नामक एक मुहूर्त ग्रंथ भी महेश्वर का लिखा माना जाता है। इसके अतिरिक्त *प्रतिष्ठाविधिदीपक* नामक रचना भी महेश्वर की मानी जाती है। *सिद्धांत शिरोमणि* के अपने भाष्य 'वासना वर्तिका' में नृसिंह ने लिखा है : ''विज्जलविड निवासी पवित्रदंडकारण्यः महाराष्ट्र नामाश्रयो महेश्वरनंदनः श्री भास्कराचार्यः।'' मुनीश्वर ने अपने भाष्य 'मारीचिका' में विज्जलविड की भौगोलिक स्थिति इस प्रकार दी ''सह्यकुल पर्वतान्तर्गत भूप्रदेशे महाराष्ट्रदेशान्तर्गत विदर्भापर पर्याय विराट देशादृपि निकटे गोदावर्या नाति दूरे पंचक्रोशांतरे विज्जलविडम।'' भास्कर का मूलस्थान खानदेश के नासिक जिले में गोदावरी के तट पर कहीं रहा होगा। पुरातत्वीय प्रमाणों से यह अनुमान लगाया गया है कि चालीसगाँव से 16 किमी दूर स्थित पाटण ही प्राचीन विज्जलविड है। वहाँ सिरजा देवी के मंदिर से प्राप्त शिलालेख में भास्कर की वंशावली दी गई है। इससे ज्ञात होता है कि भास्कर के पौत्र चंगदेव व उनके कुल के अन्य विद्वानों ने भास्कर के ग्रंथों का अध्ययन करने के लिए पाटण में एक मठ की स्थापना की थी। चंगदेव यादववंशीय सिंघण राजा के ज्योतिषी थे : *सिघंणचक्रवर्ति देवज्ञ वर्योऽजनि चंगदेव। श्री भास्कराचार्यनिबद्धशास्त्रविस्ता रहेतोः कुरुते मठंयः ॥*

भास्करचितग्रन्थाः सिद्धान्तशिरोमणिप्रमुखाः।
तद्वंश्यकृताश्चान्ये व्याख्येया मन्मठे नियमात् ॥

अब वह मठ तो नहीं है, पर उसके अवशेष मौजूद हैं। मंदिर के शिलालेख में भास्कर के पितृपुरुषों का वृतांत दिया हुआ है–

शाण्डिल्यवंशे कविचक्रवर्ती त्रिविक्रमोऽभूत्तनयोऽस्य जातः।
यो भोजराजेनकृताभिधानो विद्यापतिर्भास्करभट्टनामा ॥
तस्माद् गोविन्द सर्वज्ञो...
...
श्रीमन्महेश्वराचार्यस्ततोऽजनिकवीश्वर...
भास्करकोविद् समभवत्।

इसके अनुसार भास्कर की वंशावली इस प्रकार है–

त्रिविक्रम
↓
भास्कर भट
↓
गोविंद
↓
मनोरथ
↓
महेश्वर
↓
भास्कराचार्य
↓
लक्ष्मीधर
↓
चंगदेव

देवगिरि के यादववंश के राजा जैत्रपाल का समय 1113 से 1132 तक और उनके पुत्र सिंघण का समय 1132 से 1169 तक का माना जाता है। इसी शिलालेख में भास्कर के पौत्र चंगदेव को दिये गए अनुग्रह अनुदान का भी उल्लेख है। खानदेश से प्राप्त एक अन्य शिलालेख में भास्कर के कुल की विद्वत् परंपरा की जानकारी मिलती है। भास्कर की 'लीलावती' का फारसी अनुवाद अकबर के दरबार के प्रसिद्ध कवि फैजी ने किया था। उसमें फैजी ने लिखा है कि भास्कराचार्य की जन्मभूमि दक्षिण में बेदर नामक स्थान है। शोलापुर से लगभग 80 किमी दूर बेदर है। परंतु इसे भास्कराचार्य की जन्मभूमि मानने के पर्याप्त ऐतिहासिक और भौगोलिक आधार नहीं हैं। कुछ विद्वान बीजापुर को ही विज्जलविड मानते हैं। पुरातत्वीय प्रमाणों के आधार पर पाटण को ही भास्कराचार्य की जन्मभूमि माना जाता है। यह निश्चित रूप से कहा जा सकता है कि उनके पिता महेश्वर ही उनके गुरु थे। बीजगणित में भास्कर ने लिखा है :

आसीत् महेश्वर इति प्रथितः पृथिव्यः।
आचार्यवर्यपदवीं विदुषां प्रपन्नः॥
लब्धावबोधकलिकां तत एव चक्रे।
तज्जेन बीजगणितं लघु भास्करेण॥

अर्थात : "विश्वविख्यात मेरे पिताजी, जिनका नाम महेश्वर था विद्वानों में आचार्य समझे जाते थे। उन्हीं से ज्ञान पाप्त कर मैंने बीजगणित नामक इस छोटे-से ग्रंथ की रचना की है।" भास्कर स्वयं भी एक प्रखर विद्वान थे और वे अनेक विषयों में पारंगत थे। लीलावती में उन्होंने लिखा है–

अष्टौ व्याकरणानि षटच भिष्जां व्याचष्ट ताः संहिता।
षट तर्कानि गणितानि पंच चतुरो वेदान धीते स्म यः ॥
रत्नानां त्रितयं द्वयं च बुबुधे मीमांसयोरन्तरे।
सद्ब्रह्मैक मागध बोध महिमा सोऽस्याः कविर्भास्करः ॥

इसके अनुसार उन्होंने व्याकरण, चिकित्सा, तर्कशास्त्र, गणित, वेद आदि विद्याओं का अध्ययन किया था। इसमें कोई संदेह नहीं कि वे एक अप्रतिम विद्वान थे और अपने समय के सर्वश्रेष्ठ गणिताचार्य एवं ज्योतिषविद् थे। गणेश देवज्ञ उन्हें 'गणक चक्र चूड़ामणि' उपाधि से संबोधित करते हैं। John Stillwell अपने ग्रंथ Mathematics and its History (springer verlag : 2001) में, उन्हें 12वीं शताब्दी के भारत का सर्वश्रेष्ठ गणितज्ञ और महान ज्योतिषाचार्य मानते हैं।

भास्कर के लिखे दो ग्रंथ उपलब्ध हैं : *सिद्धांत शिरोमणि* और *करण-कुतूहल*। इसके अतिरिक्त–*भास्कर व्यवहार* और *विवाह पटल* नामक ग्रंथ भी भास्कर द्वारा लिखे माने जाते हैं। *सिद्धांत शिरोमणि*–गणित और ज्योतिष का ग्रंथ है। इसके चार भाग हैं–लीलावती, बीजगणित, गोलाध्याय और ग्रह-गणित। *करण-कुतूहल* में पंचांग बनाने की विधियाँ दी गई हैं।

'लीलावती' भास्कर की सार्वकालिक लोकप्रिय और श्रेष्ठ रचना है। भारत में पाठ्यपुस्तक के रूप में इसका आदर शताब्दियों तक होता रहा है। भास्कर के समय भारत में ज्योतिष के अध्ययन का प्रचलन था। ज्योतिष के अध्ययन के लिए आवश्यक गणितीय ज्ञान लीलावती में दिया गया है। इसका मुख्य विषय अंकगणित है पर इसमें ज्यामिती, त्रिकोणमति और बीजगणित की चर्चा भी की गई है। लीलावती की लोकप्रियता और सर्वग्राह्यता का प्रमाण, उस पर लिखी गई विभिन्न टीकाओं से मिलता है, जैसे–

गणितामृतलहरी	–	(रामकृष्ण : 1339)
वासनावर्तिका	–	(नृसिंह : 1350)
गणितकौमुदी	–	(नारायण भट : 1356)
गणितामृतसागरी	–	(गंगाधर : 1420)
गणितचिन्तामणि	–	(लक्ष्मीदास : 1500)
गणितामृतकुपिका	–	(सूर्यदास : 1538)

बुद्धिविलासिनी – (गणेश देवज्ञ : 1545)
निसृष्टदूती – (मुनीश्वर : 1608)
वासनाभाष्य – (रंगनाथ : 1620)
लीलावतीविवर्ण – (महीधर : 1635)

जेम्स टेलर ने 1816, कोलब्रुक ने 1817 और हरिहरचंद्र बैनर्जी ने 1930 में इसका अँग्रेजी अनुवाद किया। पंडित सुधाकर द्विवेदी ने 1910 में इस पर *चंद्रप्रभा* नामक हिंदी टीका लिखी। इनके अतिरिक्त–कृष्ण दामोदर, परशुराम, वृन्दावन, धनेश्वर आदि विद्वानों द्वारा लिखी संस्कृत टीकाएँ तथा पं. जियाराम और पं. दयानाथ द्वारा रचित हिंदी टीकाएँ भी मिलती हैं। बीजगणित पर भी अनेक टीकाएँ उपलब्ध हैं। इनमें *बीज नवांकुर* नाम की टीका जिसे बीज पल्लव या कल्पलतावतार भी कहते हैं–अत्यंत विस्तृत है। इसे कृष्ण नाम के विद्वान ने लिखा था–जो जहाँगीर के दरबार के ज्योतिषी थे। स्व. प्रो. शंकर केशव अभ्यंकर ने इसके अँग्रेजी और मराठी अनुवाद प्रकाशित किए। संपूर्ण *सिद्धांत शिरोमणि* पर भी अनेक टीकाएँ लिखी गई हैं। इनमें ज्ञानराज के पुत्र सूर्यदास की *सूर्यप्रकाश* नामक टीका विशेष उल्लेखनीय है।

अपने पूर्ववर्ती गणितज्ञों की भाँति ही भास्कर भी एक अच्छे कवि थे। गणितीय प्रश्नों की रोचक काव्यात्मक प्रस्तुति उनकी अपनी विशेषता है। ऐसा करते हुए उन्होंने अनुप्रास, उपमा, रूपक और उत्प्रेक्षा अलंकारों का सुंदर प्रयोग किया है। उदाहरणार्थ लीलावती के पदों की कुछ पंक्तियाँ देखना पर्याप्त होगा–

- बाले **बालकुलरङ्गलोलनयने** लीलावती प्रोच्यतां
- पञ्चांशोऽलिकुलात कदम्बमगमत् त्र्यंश शिलीन्ध्रतयो-र्विश्लेषस्त्रिगुणो मृगाक्षि! कुटजं दोलायमानोऽपरः। कान्ते **केतकमालतीपरिमल**प्राप्तैककालप्रिया–दूताहूत इतस्ततो भ्रमति खे भृङ्गोऽलिसङ्ख्याँ वद्
- बाले! **बालमृणालशालिनि** जले केलिक्रियालालसं दृष्टं हंसयुगत्रयं च सकलां यूथस्य संख्याँ वद।

उनके उदाहरण में प्रकृति का सौंदर्य है और उसकी मनोहारी विविधता है। *सिद्धांत शिरोमणि* में गोलाध्याय के एक पद में वे हेमंत ऋतु का वर्णन करते हुए लिखते हैं–

सहस्यकाले बहुशस्यशालिनीम्।
चितामवश्यायकमौक्तिकोत्करै ॥
प्रहृष्टपुष्टाखिलगोकुलामिलाम्।
विलोक्य हृष्यन्त्यधिकं कृषीवलाः ॥

यहाँ कहा गया है कि मोती के समान ओस की बूँदें प्रकृति के सौंदर्य को

बढ़ाती हैं। लीलावती में एक प्रश्न के माध्यम से वे कर्ण-अर्जुन युद्ध का सजीव चित्रण करते हुए एक वर्ग समीकरण प्रस्तुत करते हैं–

पार्थः कर्णवधाय मार्गणगणं क्रुद्धो रणे संदधे।
तस्यार्धेन निवार्य तच्छरगणं मूलैश्चतुर्भिर्हयान् ॥
शल्यं षड्भिरथेषुभिस्त्रिभिरपि छत्रं ध्वजं कार्मुकम्।
चिच्छेदास्य शिरःशरेण कति ते यनर्जुनः संदधे ॥

[संग्राम में क्रुद्ध अर्जुन ने कर्ण के वध के लिए जितने बाण लिए–उनके आधे से कर्ण के बाणों का निवारण किया। बाणों की कुल संख्या के वर्गमूल के चार गुने बाणों से घोड़ों को मारा। 6 बाणों से शल्य को, 3 बाणों से छत्र, ध्वज और धनुष को काट तथा एक बाण से कर्ण का सिर काट डाला तो बताओ अर्जुन ने कितने बाण धारण किए थे।]

इसे बीजगणित में रूपांतरित करने पर निम्न समीकरण प्राप्त होता है–

$$x^2 - 8x = 20$$

$\therefore$ $x = 10$ बाणों की कुल संख्या $x^2 = 100$

भास्कर ने ज्योतिष संबंधी गणनाएँ पृथ्वी को स्थिर तथा ब्रह्मांड का केंद्र मानकर की हैं। उन्होंने 7वीं शताब्दी के ज्योतिषाचार्य लल्ल के कई निष्कर्षों को संशोधित किया। भास्कर एक व्यावहारिक ज्योतिषविद् थे। यद्यपि उन्हें ग्रहण के कारणों का ठीक-ठीक ज्ञान था–पर उन्होंने परंपराओं एवं मान्यताओं का विरोध न करते हुए समन्वयात्मक दृष्टिकोण अपनाया। भास्कराचार्य के कई निष्कर्षों को पश्चिम में शताब्दियों के उपरांत टायको ब्राहे और कोपरनिकस द्वारा ज्ञात किया गया। ग्रहों की तत्काल गति संबंधी अपनी विवेचनाओं में उन्होंने कलन सूत्रों का आद्यस्वरूप प्रस्तुत किया।

1193 ई. में 79 वर्ष की परिपक्व आयु में उनका निधन हुआ।

लीलावती और बीजगणित से कुछ रोचक उदाहरण–

अलिकुलदलमूलं मालती यादमष्टौ।
निखिलनवमभागाश्चालिनी भृंगमेकम ॥
निशिपरिमललुब्धपद्मम मध्ये निरुद्धम।
प्रतिरणति रणन्तं ब्रूहि कांतेऽलिसंख्याम ॥

[भ्रमर समूह के आधे के वर्गमूल के तुल्य भ्रमर मालती पुष्प पर चले गए। संपूर्ण भ्रमरों का $\frac{8}{9}$ भाग भी वहीं चला गया। कमल के पराग में अनुरक्त एक

भ्रमर रात्रि में कमल कोश में बंद हो गया। उसकी प्रतीक्षा में एक भ्रमरी कमल पर गूँजती रही। हे कांते भ्रमरों की कुल संख्या बताओ।]

इससे निम्न समीकरण प्राप्त होता है–

$$\sqrt{\frac{x}{2}} + \frac{8}{9}x + 2 = x$$

i.e. $2x^2 - 153x + 648 = 0$

i.e. $x = 72$

यहाँ समीकरण का दूसरा मूल ग्राह्य नहीं है।

बाले मरालकुलमूलदलानि सप्त
तीरे विलासभरमन्थरगान्यपश्चम्।
कुर्वच्च केलिकलहं कलहंसयुग्मम्
शेषं जले वद मराल कुल प्रमाणम्॥

[किसी हंसकुल के वर्गमूल के आधे के सात गुणित हंसों को विलासपूर्वक जलाशय के तट पर जाते हुए मैंने देखा। शेष दो हंस जल में कलह क्रीड़ा कर रहे थे। हे बाले! हंसों की कुल संख्या बतलाओ।]

हंसों की कुल संख्या x^2 मानने पर, इससे निम्न समीकरण प्राप्त होता है–

$$x^2 - \frac{7}{2}x = 2$$

i.e. $2x^2 - 7x - 4 = 0$

i.e. $x = 4$ अर्थात $x^2 = 16$

बीजगणित के वर्गप्रकृति नामक अध्याय में भास्कर ने ब्रह्मगुप्त की भावना विधि के उदाहरण दिए हैं–

को वर्गोऽष्टिहतः सैकः कृतिः स्याद् गणकोच्यताम्।
एकादशगुणः को वा वर्गः सैकः कृतिर्भवेत्॥

हे गणक, कौन-सा वर्ग है जिसे 8 से गुणा कर 1 जोड़ देते हैं तो वर्गात्मक हो जाता है या कौन-सा वर्ग है जिसे 11 से गुणा कर 1 जोड़ते हैं तो वर्ग हो जाता है।

इससे ये दो समीकरण प्राप्त होते हैं–

(A) $8x^2 + 1 = y^2$ (B) $11x^2 + 1 = y^2$

(A) युग्म (1, 3) इसका एक हल है।

अतः $(1 \times 3 + 3 \times 1, 3 \times 3 + 8 \times 1)$ अर्थात (6, 17) दूसरा हल होगा।

तीसरा हल होगा– (35, 99) इसी प्रकार अनंत हल प्राप्त किए जा सकते हैं।

(B) $11 \times 1^2 - 2 = 3^2$ अर्थात युग्म (1, 3) समीकरण

$11x^2 - 2 = y^2$ का हल है।

संयोजन से समीकरण $11x^2 + 4 = y^2$

के लिए (6, 20) हल प्राप्त होता है। 2 से भाग देने पर युग्म (3, 10) प्राप्त होता है जो समीकरण का $11x^2 + 1 = y^2$ एक हल है। अब अनंत हल युग्म प्राप्त किए जा सकते हैं।

समीकरण $11x^2 + 1 = y^2$ के परिमेय हल ज्ञात करने के लिए–

(C) $11 \times 1^2 + 5 = 4^2$ अर्थात युग्म (1, 4) समीकरण

$11x^2 + 5 = y^2$ का हल है।

(1,4) के संयोजन से इसी समीकरण का दूसरा हल (8, 27) प्राप्त होता है।

अतः $\left(\frac{8}{5}, \frac{27}{5}\right)$ समीकरण $11x^2 + 1 = y^2$ का परिमेय हल है। हम जानते हैं कि (3, 10) भी इसी समीकरण का एक हल है। अतः (3, 10) और $\left(\frac{8}{5}, \frac{27}{5}\right)$ के संयोजन से प्राप्त युग्म–

$$\left.\begin{array}{l} 3 \times \frac{27}{5} + 10 \times \frac{8}{5} = \frac{161}{5} \\ 11 \times 3 \times \frac{8}{5} + 10 \times \frac{27}{5} = \frac{534}{5} \end{array}\right] \left(\frac{161}{5}, \frac{543}{5}\right)$$ दूसरा परिमेय हल होगा।

इसी प्रकार अन्य परिमेय हल ज्ञात किए जा सकते हैं। भास्कर और चक्रवाल विधि–

चक्रबदबलते परिभ्रमतीति चक्रवालम

चक्रवाल अर्थात चक्रीय विधि जो 6ठी से लेकर 12वीं शताब्दी के मध्य, अनिर्धार्य वर्ग समीकरणों को हल करने की भारतीय विधियों से विकसित हुई और जिसका परिष्कृत तथा सर्वश्रेष्ठ रूपांतर भास्कर के बीजगणित में पाया जाता है। संभवतया इसलिए इस विधि का श्रेय भास्कर को दिया जाता है। अपने ग्रंथ Mathematics and its History (2001) में John Stillwell लिखते हैं–"The first general method for solving the pell equation was given by Bhaskara II in his Bijganita of 1150 CE. He completed Brahmagupta's program by giving a method, called the chakravāla as cyclic process which always succeeds in finding x, y, k, with $x^2 - Ny^2 = K$ and $K = \pm 1, \pm 2$, or ± 4." यदि $x^2 - Ny^2 = K...(p_k)$ के हल धनात्मक पूर्णांकों में प्राप्त कर लिए जाते हैं तो (P_1) के हल धनात्मक पूर्णांकों में प्राप्त किए जा सकते हैं। एक हल युग्म प्राप्त होने पर भावना से अनंत हल निकाले जा सकते हैं। चक्रीय विधि सदा ही कारगर होती है–यह लाग्रांज ने 1768 में सिद्ध किया था। भास्कर की अवधारणाओं पर आधारित इसकी उत्पत्ति फ्रांस के सुप्रसिद्ध गणितज्ञ आन्द्रे वायल (Andrie' Weil : 1906-1998) की 1984 में प्रकाशित Number Theory : An Approach through History, from Hammurapi to Legendre में देखी जा सकती है।

समीकरण $x^2 - Ny^2 = K...(p_k)$ के संदर्भ में (a, b; k) से हमारा तात्पर्य युग्म (a, b) से है जो (p_k) का हल है, अर्थात $a^2 - Nb^2 = K$

$K = \pm 1, \pm 2, \pm 4$ के लिए (a, b) के संयोजन से जो हल प्राप्त होते हैं, उन्हें निम्न रूप से लिखा जा सकता है। इन्हें हम भास्कर के नियम भी कह सकते हैं–

I $(a, b; \pm 1) \Rightarrow (2a^2 \mp 1, 2ab; 1)$

II $(a, b; \pm 2) \Rightarrow (a^2 \mp 1, ab; 1)$

III (a, b; 4), a-सम संख्या $\Rightarrow \left(\frac{1}{2}a^2 - 1, \frac{1}{2}ab; 1\right)$

(a, b; 4), a-विषम संख्या $\Rightarrow \left(\frac{1}{2}a\left(a^2 - 3\right), \frac{1}{2}b\left(a^2 - 1\right); 1\right)$

IV (a, b; – 4), a-सम संख्या $\Rightarrow \left(\frac{1}{2}\left(a^2 + 2\right), \frac{1}{2}ab;\ 1\right)$

(a, b; – 4), a-विषम संख्या $\Rightarrow$ (P, Q; 1)

$$\text{यहाँ } P = \frac{1}{2}\left(a^2 + 2\right)\left\{\left(a^2 + 1\right)\left(a^2 + 3\right) - 2\right\}$$

$$Q = \frac{1}{2}ab\left(a^2 + 1\right)\left(a^2 + 3\right)$$

1 माना कि समीकरण $x^2 - Ny^2 = 1$ का हल (a, b) है तो–

$(2a^2 - 1, 2ab)$ भी एक हल होगा। अर्थात

$(2a^2 - 1)^2 = N\,4a^2 b^2 + 1$

i.e. $4a^4 = 4a^2 Nb^2 + 4a^2$

i.e. $a^4 = a^2 (Nb^2 + 1) = a^2 \times a^2 = a^4$ जो सत्य है अर्थात

$(2a^2 - 1, 2ab)$ भी समीकरण $x^2 - Ny^2 = 1$ का हल है।

इसी प्रकार यदि $a^2 = Nb^2 + 2$ हो तो $(a^2 - 1, ab; 1)$ सत्य होगा, अर्थात–

$(a^2 - 1)^2 = N(a^2 b^2) + 1$

अर्थात $a^4 + 1 = a^2 (Nb^2 + 2) + 1$

$= a^2 \times a^2 + 1 = a^4 + 1$

$\Rightarrow (a^2 - 1, ab; 1)$

अथवा (a, b) समीकरण $x^2 = Ny^2 + 2$ का मूल है। (a, b) का संयोजन (a, b) से करने पर समीकरण $x^2 = Ny^2 + 4$ के मूल (P, Q) प्राप्त होंगे–

$P = 2(a^2 - 1); Q = 2ab$

अतः समीकरण $x^2 = Ny^2 + 1$ के मूल होंगे $(a^2 - 1, ab)$

इसी प्रकार अन्य नियमों की सत्यता भी दर्शाई जा सकती है। भास्कर ने बीजगणित में इस विधि के अनेक उदाहरण दिए हैं।

का सप्तषष्टिगुणिता कृतिरेकयुक्ता
का चेकषष्टिगुणिता च सखे सरूपा।
स्यान्मूलदा यदि कृतिप्रकृतिर्नितान्तं
त्वच्चेतसि प्रवद तात तता लतावत् ॥

कौन-सा वर्ग है जिसे सड़सठ से गुणा कर एक जोड़ने से मूलात्मक होता है या कौन-सा वर्ग है जिसे इकसठ से गुणा कर एक जोड़ने से मूलप्रद होता है। यदि वर्ग प्रकृति तुम्हारे चित्त में लता की तरह फैली हो तो इसे बतलाओ।

यहाँ जिन समीकरणों की चर्चा की गई है, वे हैं–

(A) $x^2 = 67y^2 + 1$

(B) $x^2 = 61y^2 + 1$

(A) $x^2 = 67y^2 + 1$

$(221, 27; -2)$

$$\Rightarrow \left((221)^2 + 1, 211 \times 27; 1\right)$$

अर्थात युग्म (48842, 5967) समीकरण $x^2 = 67y^2 + 1$ का एक धनपूर्णांक हल है।

(B) $x^2 = 61y^2 + 1$ का न्यूनतम हल है–

(17 66 31 90 49, 22 61 53 980)

$(39, 5; -4)$ क्योंकि $39 \times 39 = 1521$

$61 \times 25 = 1525$

39 विषम संख्या है

$\therefore$ (P, Q; 1) के अनुसार

$$P = \frac{1}{2}(39^2 + 2)\{(39^2 + 1)(39^2 + 3) - 2\}$$

$$= 1523 \times \frac{1522 \times 1524 - 2}{2}$$

$$= 17\,66\,31\,90\,49$$

$$Q = \frac{1}{2} 39 \times 5(39^2 + 1)(39^2 + 3)$$

$$= \frac{1}{2}(39 \times 5 \times 1522 \times 1524)$$

$$= 22\,61\,53\,980$$

आन्द्रे वायल ने चक्रवाल विधि के उपयोग से इस हल को प्राप्त करने की उपलब्धि को असाधारण कहा है। फर्मा ने 1657 में इस उदाहरण को पुनः आविष्कृत करते हुए इसे अपने एक मित्र को चुनौती के रूप में भेजा था।

केलीफोर्निया विश्वविद्यालय के गणित के प्राध्यापक वी.एस. वरदराजन ने Algebra in Ancient and Modern Times नामक अपनी पुस्तक में चक्रवाल विधि के एलगोरिथम की विस्तार से चर्चा की है।

सुप्रसिद्ध जर्मन गणितज्ञ हेंकल–भास्कर की चक्रवाल विधि को लाग्रांज के पहले की सर्वश्रेष्ठ गणितीय उपलब्धि मानते हैं।

भारतीय गणितज्ञों की रुचि दो से अधिक घात वाले समीकरणों में भी रही है। भास्कर ने भी बीजगणित में तीन और चार घात वाले समीकरणों के उदाहरण दिए हैं–

राशिर्द्वादशनिघ्नों राशिधनाढ्यश्चः कः समोयस्य।
राशिकृतिः षडगुणिता पंचत्रिंशद्युता विद्वन ॥

कौन-सी राशि है जिसके द्वादश गुणित करके गुणनफल में राशि का घन जोड़ देते हैं तो वह पंचत्रिंशद्युक्त षडगुणित राशि वर्ग के बराबर होता है।

इस प्रश्न का समीकरणीय प्रारूप है–

$$x^3 + 12x = 6x^2 + 35$$

अर्थात $x^3 - 6x^2 + 12x - 8 = 27$

या $(x - 2)^3 = 3^3$

अर्थात $x = 5$, जो इसका वास्तविक मान है

को राशिर्द्विशतीक्षुण्णो राशिवर्गयुतो हतः
द्वाभ्याँ तेनोनितो राशिवर्गवर्गोऽयुतं भवेत
रूपोनं वद तं राशिं वेत्सि बीजक्रियां यदि

कौन-सी राशि है जिसे दो से गुणा कर गुणनफल में राशिवर्ग जोड़ देते हैं और योग को दो सौ से गुणा करते हैं। इसको राशि के चतुर्घात से घटाने पर रूपोन एक अयुत के समान होता है।

इससे निम्न समीकरण प्राप्त होता है–

$x^4 - 2x^2 - 400x = 9999$

$4x^2 + 400x + 1$ दोनों पक्षों में जोड़ने पर

$x^4 + 2x^2 + 1 = 4x^2 + 400x + 10000$

अर्थात $(x^2 + 1)^2 = (2x + 100)^2$

अर्थात $x^2 - 2x + 1 = 100$

अथवा $(x - 1)^2 = 100$

$\therefore\ x - 1 = 10$

$\therefore\ x = 11$

इस प्रकार हम देखते हैं कि भास्कर ने अपने कार्यों से बीजगणित के विकास में उल्लेखनीय योगदान दिया। उनकी कुछ उपलब्धियाँ निश्चित ही युगांतकारी थीं। श्लेष अलंकार का सुंदर प्रयोग करते हुए उन्होंने लीलावती के अंत में लिखा है–

येषां सुजातिगुणवर्ग विभूषिताङ्गी
शुद्धाऽखिलव्यवहृतिः खलु कण्ठसक्ता।
लीलावतीह सरसोक्तिमुदाहरन्ती
तेषां सदैव सुखसम्पदुपैति वृद्धिम ॥

साहित्यिक अर्थ–जिन युवकों को सत्कुलोत्पन्ना (अच्छे वंश में उत्पन्न) सुशीला, गुणवती, कोमलांगी, सुभाषिणी, कंठसक्ता (हृदयलग्ना), लीलावती (हास्यविलास आदि पतिहृदयानुकूल क्रियाओं को जानने वाली) तथा सरस उक्तियों का प्रयोग करने वाली पत्नी मिलती है, उनकी सुख संपत्ति सदैव बढ़ती रहती है।

गणितीय अर्थ–जिन्होंने भाग, गुणक, वर्ग, श्रेढ़ी, मिश्र व्यवहारों से युक्त सरस लीलावती नामक पाटीगणित का अभ्यास किया है उनके सुख-संपत्ति की वृद्धि होती रहती है।

यद्यपि भास्कर के परवर्ती दक्षिण भारत में गणितज्ञों एवं ज्योतिषविदों ने त्रिकोणमति एवं गणितज्योतिष में उल्लेखनीय कार्य किए–पर उनकी प्रतिभा भास्कर जैसी सर्वजनीन, विशद और व्यापक नहीं थी। शायद इसलिए कहा जाता है कि भास्कर की मृत्यु के साथ ही भारत में गणित के विकास का सूर्य अस्त हो गया। उधर पश्चिम पुनर्जागरण के युग की प्रतीक्षा कर रहा था।

इटली में बीजगणित–फिबोनाची

11वीं शताब्दी, यूरोप के इतिहास में समाप्त हो रहे अंधकार युग और आनेवाली ज्योतिर्मयी शताब्दियों के मध्य सेतुबंध है। 11वीं और 12वीं शताब्दियों में अरेबिक विज्ञान ने यूरोप में पुनः ज्ञान और विज्ञान की दीपशिखा को प्रज्ज्वलित किया और एक बार फिर सारा यूरोप–यूनान, ग्रीक और रोमन विज्ञान के लुप्त ऐश्वर्य की उपलब्धि से समृद्ध हो उठा। यह यूरोपीय पुनर्जागरण का उषाकाल था और इसका प्रारंभ इटली से हुआ था।

भारत, बेबीलोनिया, मिस्र, ग्रीक और अरब देशों में शताब्दियों से विकसित हो रही बीजगणितीय अवधारणाओं को इटली के गणितज्ञों ने अपनी प्रतिभा के स्पर्श से एक नया स्वरूप दिया। रंगमंच पर आधुनिक बीजगणित के प्रवेश की सूचना का उद्घोष हो चुका था और इस मंगलाचरण में पीसा के लियोनार्दो का स्वर प्रमुख था।

पीसा के लियोनार्दो फिबोनाची (Leonardo of Pisa-Fibonacci : 1180-1250) मध्ययुगीन ईसाई-यूरोप के सर्वश्रेष्ठ गणितज्ञ माने जाते हैं। Liber Abbaci उनकी अत्यंत महत्वपूर्ण और प्रसिद्ध कृति है। इसमें उन्होंने अपने बारे में जो जानकारी दी है उसके अनुसार उनका जन्म पीसा के बोनाची परिवार में हुआ था। उनके पिता पीसा गणराज्य के एक व्यावसायिक प्रतिष्ठान से संबद्ध थे और अल्जीरिया में पदस्थ थे। यहीं अल्जीरिया में लियोनार्दो अपने मुस्लिम शिक्षकों के माध्यम से हिंदू-अरेबिक संख्याओं से परिचित हुए। उन्होंने इजिप्ट, सीरिया, सिसली और दक्षिणी फ्रांस की यात्राएँ भी कीं। 1200 ई. में वे पीसा वापस आए, जहाँ रहकर उन्होंने कई ग्रंथों की रचना की, जैसे–

Liber Abbaci (1202), *Practica Geometriae* (1220), *Flos* (1225), *Liber quandratorum* (1225)

यूक्लिड के एलीमेंट्स की 10वीं किताब पर लिखी हुई उनकी व्याख्या दुर्भाग्य से अब उपलब्ध नहीं है। 1240 में पीसा गणराज्य ने उन्हें सम्मानित किया और उनके लिए उचित मानदेय की व्यवस्था की।

हमारे लिए Liber Abbnaci को पढ़ना सरल नहीं है। यथार्थ में यह कदापि रोचक और पठनीय नहीं है। यह एक जटिल ग्रंथ है। लियोनार्दो की शैली भी इसे

क्लिष्ट बनाती है। वे $11\frac{5}{16}$ को $\frac{1}{3}\frac{1}{2}11$ लिखते हैं और $\frac{1}{2}\frac{6}{9}\frac{2}{10}$ से उनका तात्पर्य है $\frac{1}{2.9.10}+\frac{6}{9.10}+\frac{2}{10}$ हाँ, उनके कुछ रोचक प्रश्नों को उनके परवर्ती गणितज्ञों ने अपने ग्रंथों में स्थान दिया है। यह ग्रंथ 15 अध्यायों में विभक्त है—

अध्याय		*विषयवस्तु*
1-7	–	हिंदू-अरेबिक अंक, विभिन्न संक्रियाएँ एवं गणना पद्धति
8-11	–	व्यावसायिक प्रश्न
12-13	–	इन अध्यायों में समीकरणों पर आधारित रोचक प्रश्न हैं। एक सरल उदाहरण इस प्रकार है—एक व्यक्ति ने दूसरे से कहा 'यदि तुम मुझे अपने पास की नगद राशि का $\frac{1}{3}$ भाग दो, तो मैं एक घोड़ा खरीद सकता हूँ।' दूसरे ने कहा 'यदि तुम अपनी नगद राशि का $\frac{1}{4}$ भाग दो तो मैं भी एक घोड़ा खरीद सकता हूँ।' यदि घोड़े का मूल्य t हो तो हमें दो रेखीय समीकरण प्राप्त होते हैं— $x+\frac{y}{3}=t$ और $y+\frac{x}{4}=t$ छोटे-से-छोटे पूर्णांकों में इसका हल है— $x=8, y=9, t=11$
14	–	वर्गमूल
15	–	यह Liber Abbaci का सर्वाधिक रोचक भाग है। इसमें लियोनार्दो समीकरण हल करते हैं। उदाहरण के लिए— $6:x=y:9$ और $x+y=21$ $\Rightarrow xy=54$

अब लियोनार्दो, यूक्लिड के प्रमेय 11, 5-

$\left(\frac{x-y}{2}\right)^2=\left(\frac{x+y}{2}\right)^2-xy$ का उपयोग करते हैं—

$$=\left(\frac{21}{2}\right)^2-54=\frac{225}{4}$$

$\Rightarrow x-y=15$

अर्थात $x=18, y=3$

इस अध्याय में वे ज्यामिती की सहायता से समीकरणों के हल देते हैं। इसी अध्याय में वे पाइथेगोरस के प्रमेय पर आधारित प्रश्नों पर विचार करते हैं और वर्ग-समीकरण के लिए अल्-ख्वारिज्मी द्वारा दी गई विधियों की चर्चा करते हैं। उन्होंने अल्-ख्वारिज्मी के बहुत-से उदाहरणों को लिया है, जैसे–

Census et decem radicis equantur 39

अर्थात $x^2 + 10x = 39$

एक अन्य उदाहरण में वे 10 को दो भागों x और 10 – x में इस प्रकार विभाजित करते हैं कि–

$$\frac{x}{10-x} + \frac{10-x}{x} = \sqrt{5}$$

अपने एक अन्य प्रश्न में, वे x^4 में एक वर्ग समीकरण प्राप्त करते हैं–

$$y = \frac{10}{x}, z = \frac{y^2}{x}; z^2 = x^2 + y^2$$

$$\Rightarrow x^8 + 100x^4 = 10,000$$

The Liber quadratorum–(The Book of Square Numbers) इस ग्रंथ का मुख्य उद्देश्य निम्न डायोफेंटस समीकरणों के हल प्राप्त करना है–

$x^2 + 5 = y^2$

$x^2 - 5 = z^2$

यह ग्रंथ फ्रेडरिक-द्वितीय (1194-1250) को समर्पित है। इसकी प्रस्तावना में लियोनार्दो लिखते हैं–

When, My Lord Frederick, most glorious prince, Master Dominic brought me to Pisa to your Excellency's feet, Master John of Palermo made my acquintance and asked me whether it was not as much a matter of geometry as of arithmetic to find a square number which if increased or decreased by five would still give a square number. Having thought about the solution to this Problem-which I had already worked out, I satisfied myself that this solution depended on many properties of square numbers and their relationships. Having, more over, heard from those in Pisa, and from others who returned there from the Imperial court, that your majesty some times took an interest in subtle points of geometry, I remembered the question that was put to me at your court by your

Philosopher, and taking it as my theme. I wrote the present work, which I have called the Book of Square Numbers. I thus beg your indulgence if my work contains anything not altogether accurate or to the point; for it is on attribute rather of God than of man to be able to remember everything and to make on mistakes, and no-one be completely free from error or always on his guard.

$$\left.\begin{array}{l} x^2+5=y^2 \\ x^2-5=z^2 \end{array}\right] \Rightarrow 2x^2=y^2+z^2$$

$y=u+v$ और $z=u+v$ रखने पर

$x^2=u^2+v^2$

प्राप्त होता है, जो पाइथेगोरियन त्रिक में एक समीकरण है। इसलिए

$x=a^2+b^2, u=2ab, v=b^2-a^2$ या

$$x=\frac{a^2+b^2}{2}, u=ab, v=\frac{b^2-a^2}{2}$$

अब, लियोनार्दो जो हल प्राप्त करते हैं, वह है–

$$x=3+\frac{5}{12}, y=\frac{1}{12}, z=2+\frac{7}{12}$$

डायोफेंटस ने अपने ग्रंथ Arithmetica की तीसरी किताब के प्रश्न 19 में, 65 को–

$65=7^2+4^2=8^2+1^2$

दो प्रकारों से वर्गों के योग के रूप में व्यक्त करते हुए टिप्पणी की, कि ऐसा इसलिए संभव हो सका क्योंकि–

$65=13\times 5$

और दोनों ही गुणनखंड दो वर्गों के योग हैं–

$13=3^2+2^2$

$5=2^2+1^2$

डायोफेंटस ने सर्व-समिका

$$\left(a_1^2+b_1^2\right)\left(a_2^2+b_2^2\right)=\left(a_1a_2\mp b_1b_2\right)^2+\left(b_1a_2\mp a_1b_2\right)^2$$

में $a_1=3, a_2=2, b_1=2, b_2=1$

रखकर निष्कर्ष प्राप्त किए थे। लियोनार्दो की रचना–The Book of Square Number (1225) इसी कार्य का विस्तार है।

लियोनार्दो ने 1225 में यह भी बताया कि समीकरण $x^3 + 2x^2 + 10x = 20$ के मूल यूक्लीडियन अपरिमेय नहीं हैं। यह भी एक महत्वपूर्ण निष्कर्ष माना जाता है।

Liber Abbaci के 13वें अध्याय में ही वर्णित फिबोनाची संख्याओं को लियोनार्दो की सर्वाधिक महत्वपूर्ण और मौलिक उपलब्धि माना जाता है। अपनी रोचकता और विराट संभावनाओं को समेटे ये संख्याएँ आज भी गणितज्ञों को आकर्षित करती हैं।

यदि F_n, n-th फिबोनाची संख्या है, तो

$$\boxed{F_n = F_{n-1} + F_{n-2}} \quad \text{जहाँ } F_0 = o, F_1 = F_2 = 1$$

अर्थात–0, 1, 1, 2, 3, 5, 8, 13, 21, 34,... फिबोनाची संख्याएँ हैं।

Fn = Fn–1 + Fn–2 यह एक रेखीय अंतर समीकरण है जिसका हल–

$$F_n \propto \lambda^n$$

से प्राप्त किया जा सकता है, जिससे समीकरण–

$$\lambda^2 - \lambda - 1 = 0 - (1)$$

प्राप्त होती है। यदि λ_1 और λ_2 इसके मूल हैं तो

$$\lambda_2 = \frac{1}{2}\left(1+\sqrt{5}\right), \text{ और}$$

$$\lambda_2 = \frac{1}{2}\left(1-\sqrt{5}\right)$$

जैवविज्ञान में आयु एवं पुनर्जन्म संबंधी प्रश्नों के अध्ययन में इस प्रकार के समीकरणों का उपयोग किया जाता है। समीकरण (1) कई अन्य माध्यमों से प्राप्त किया जाता है।

माना कि

(अ) $$x = 1 + \cfrac{1}{1 + \cfrac{1}{1+\dots}}$$ एक लँगड़ी भिन्न है।

अतः $x = 1 + \frac{1}{x}$

$$x^2 - x - 1 = 0$$

(ब) AB एक सरल रेखा है। C ऐसा बिंदु है–

$AC = a, BC = b$

और $\frac{a+b}{a} = \frac{a}{b}$

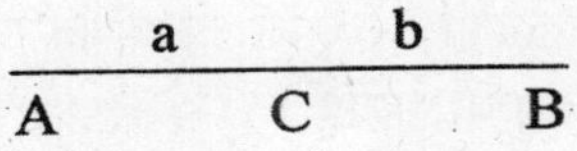

$\Rightarrow a^2 - ab - b^2 = 0$

i.e. $\left(\frac{a}{b}\right)^2 - \left(\frac{a}{b}\right) - 1 = 0$

i.e. $x^2 - x - 1 = 0$

और $x = \frac{a}{b} = \frac{1}{2}\left(1 + \sqrt{5}\right)$ को ज्यामिती में स्वर्णिम अनुपात कहा जाता है। इसे ग्रीक शब्द ϕ (phi) से दर्शाया जाता है। Phidias एक ग्रीक शिल्पकार था– उसने अपने शिल्पों में इस अनुपात का बहुतायत से उपयोग किया, इसी कारण इस अनुपात को phi से प्रदर्शित किया जाता है। स्थापत्य, चित्रकला एवं मूर्तिकला में इस अनुपात का उपयोग प्राचीन काल से होता आया है। यह भी द्रष्टव्य है कि–

$$\frac{F_n}{F_{n-1}} \rightarrow \phi = 1.61803$$

फिबोनाची संख्याओं के समान ही स्वर्णिम अनुपात ϕ से भी कई रोचक गुणधर्म प्राप्त होते हैं। जैसे कि–

(1) $\phi^3 = \phi \times \phi^2 = \phi\,(\phi + 1) = \phi^2 + \phi$

$= (\phi + 1) + \phi = 2\phi + 1$

(2) $\phi^2 = \phi + 1$

$\Rightarrow \phi = 1 + \frac{1}{\phi}$

$\therefore \frac{1}{\phi} = \phi - 1$ और

$\frac{1}{\phi^2} = \frac{1}{\phi} \times \frac{1}{\phi} = (\phi - 1) \times (\phi - 1)$

$= \phi^2 - 2\phi + 1$

$= (\phi + 1) - 2\phi + 1$

$= 2 - \phi$

फिबोनाची संख्याओं पर आज भी गणित में बहुत शोधकार्य हो रहा है। इनके अध्ययन पर केंद्रित एक शोधपत्रिका–

The Fibonacci Quarterely–शीर्षक से प्रकाशित होती है।

लियोनार्दो के पश्चात–

Maestro Biaggio – 1340 के पूर्व

Antonio Mazzinghi – 1390 के पूर्व

Maestro Benedetto – 1463

ने बीजगणित पर ग्रंथ लिखे और समीकरणों पर कार्य किया। Antonio Mazzinghi द्वारा उल्लेख किए गए कई प्रश्नों का समावेश Benedetto ने अपने ग्रंथ में किया है। उदाहरण के लिए–

सतत अनुपात में तीन संख्याएँ ज्ञात करो जिनका योग 10 हो और जिनके वर्गों का योग 40 है।

$(1)\ x + y + z = 10\ (2)\ x : y = y : z\ (3)\ x^2 + y^2 + z^2 = 40$

$\Rightarrow 2(xy + yz + zx) = 60$

$\Rightarrow 2(x + y + z) \times y = 60$

$\Rightarrow y = 3$

$x + z = 7$ और $x^2 + z^2 = 31$

$$x = \frac{1}{2}\left(7 + \sqrt{13}\right)$$

$$z = \frac{1}{2}\left(7 - \sqrt{13}\right)$$

Antonio की एक विशेषता यह भी थी कि उन्होंने अज्ञात राशियों x और y को $-x - \sqrt{y}$ तथा $x + \sqrt{y}$ के रूप में व्यक्त किया। 14वीं शताब्दी में Maestro Dardi of Pise ने अपने ग्रंथ में अधिक जटिल प्रश्नों, वर्गमूल और 12 तक के घातांकों का समावेश किया। उन्होंने एक संख्या– 10 को दो भागों में इस प्रकार विभाजित करने के प्रश्न–कि उसके भागों के गुणन और अंतर एक अनुपात में हों; से समीकरण प्राप्त किए और उनके हलों की विवेचना की।

$\frac{x(10 - x)}{x - (10 - x)} = \sqrt{g}, g = 18$ और 28 को लेकर उन्होंने प्रस्तुत समीकरण प्राप्त किए–

$x^4 + 28x^2 + 720x = 20x^3 + 1800$ और

$x^4 - 20x^3 - 12x^2 + 1120x - 2800$

लुका पाकिओलि–(Luca Pacioli : 1445-1514)–

फ्रांसिस्कन पादरी लुका पाकिओलि का ग्रंथ–Summa de arithmetica, geometrica, proportioni e proportionalita-1494 में प्रकाशित हुआ। संभवतया इटेलियन भाषा में लिखा गया गणित का यह प्रथम ग्रंथ था। इटेलियन के साथ इसमें स्थानीय बोलियों का भी उपयोग किया गया था। यह एक अत्यंत प्रभावशाली और विषय-वस्तु के संदर्भों से विश्वकोशीय ग्रंथ था। लुका की शैली और संकेत प्रणाली–फिबोनाची से सरल थी। वे वर्गमूल को R से या R^2, घनमूल को R^3 से दर्शाते हैं। अज्ञात राशि को Co (cosa), इसके वर्ग को Ce (censo), इसके घन को Cu (cubo) लिखते हैं। लुका के अनुसार–

R 40 m R 320 से तात्पर्य है $\sqrt{40 - \sqrt{320}}$

इस प्रकार लुका ने जो संकेत व्यवस्था प्रारंभ की, उसकी परिष्कृत अभिव्यक्ति हमें वीटा (वाइटा–Viete) के कार्यों में देखने को मिलती है।

लुका का जन्म Borgo San Sepolcro के एक निर्धन परिवार में हुआ था। कुछ समय तक उन्होंने वेनिस में अध्यापन किया। वेनिस में ही उन्होंने फ्रांसिस्कन चर्च में प्रवेश ले लिया। 1470 में उन्होंने बीजगणित पर एक किताब लिखी जो अब उपलब्ध नहीं है। 1475 में वे पेरूग्रिया में गणित के शिक्षक नियुक्त हुए। उन्होंने कई वर्षों तक फ्लोरेंस, पीसा, बोलोना आदि शहरों की यात्राएँ कीं। उनकी मृत्यु 1514 में रोम में हुई। लुका पाकिओली की लियोनार्दो विंची से अच्छी मित्रता थी। विंची ने उनके एक ग्रंथ De Divina Proportione (वेनिस 1509) के लिए कुछ सुंदर रेखाचित्र भी बनाए थे।

अपने ग्रंथ Summa de arithmetica के अंत में लुका ने लिखा : "The means (for solving cubie equations) by the art of algebra are not yet given; just as the means for squaring the circle are not given." गणितीय समस्याओं की यह तुलना प्रभावी थी और लुका की विद्वता की धाक इतनी अधिक थी कि अधिकांश गणितज्ञों द्वारा यह स्वीकार कर लिया गया था कि सामान्य रूप से तृतीय घात के समीकरण हल नहीं किए जा सकते!

पर यह धारणा भी शीघ्र ही ध्वस्त होने को थी।

अथातो त्रिमूलम जिज्ञासा : 1

- शताब्दियों की जड़ता एक क्षण में दूर नहीं होती। बरसों के अंधकार को प्रकाश की केवल एक किरण पर्याप्त नहीं होती। यूरोप के अंधकार युग को भी समाप्त होते-होते शताब्दियाँ लग गईं। नव उषाकाल के प्रस्फुटन के लंबे अंतराल के बाद 15वीं शताब्दी तक आते-आते ही पुनर्जागरण अपनी संपूर्णता में साकार हो सका। लगभग इन्हीं वर्षों में हुईं चार प्रमुख घटनाओं ने परोक्ष या अपरोक्ष रूप से पुनर्जागरण की प्रक्रिया के वेग को बढ़ाने में उत्प्रेरक का काम किया। ये घटनाएँ थीं–
  - (1) 1453 में कुस्तुनतुनिया का पराभव–यह अनापेक्षित तो नहीं था, परंतु फिर भी इस घटना ने सारे यूरोप को हिला दिया। अनेक विद्वानों को भाग कर इटली में शरण लेनी पड़ी। ये विद्वान अपने साथ प्राचीन ज्ञान-विज्ञान की अनगिनत पांडुलिपियाँ लाए थे।
  - (2) 1492 में कोलंबस ने एक नई दुनिया की खोज की।
  - (3) 8 जनवरी, 1497 को वास्को डि-गामा ने भारत के लिए अपने समुद्री अभियान का प्रारंभ किया।
  - (4) यूरोप में छापाखाना (प्रिंटिंग प्रेस) की शुरुआत हुई।
- जहाँ एक ओर पुनर्जागरण के कारण–कला, संगीत, स्थापत्य, साहित्य और जीवन शैलियों में व्यापक परिवर्तन आ रहे थे, वहीं दूसरी ओर नियति एक बीजगणितीय नाटक की पटकथा तैयार कर रही थी। यह नाटक इटली में खेला जाने वाला था। त्रिघातीय समीकरण के तीन मूलों की तरह ही इस नाटक के तीन पात्र थे–सिपिओन देलफेरो, तारतागलिया और कार्दानो। यदि इसमें लोदोविचो फेरारि को भी शामिल कर लिया जाए तो चतुर्घात समीकरण के चार मूलों की तरह ये चार पात्र हो जाएँगे। गोपनीयताओं की अनिवार्यता, चुनौतियों एवं गणितीय द्वंद्वों और प्रतिज्ञा-भंग किए जाने की उत्तेजना से भरपूर इस रोमांचक घटनाक्रम के पात्र भी बड़े विचित्र थे! आइए! इनसे परिचय प्राप्त करें और नाटक के पृष्ठों को पलटें।
- **सिपिओन देलफेरो** (Scipione del Ferro) देलफेरो के बारे में हमें बहुत कम

मालूम है। उनका जन्म 6 फरवरी, 1465 को बोलोना (Bologna) में हुआ था और उसी शहर में उनकी मृत्यु 1526 में हुई थी। वे बोलोना विश्वविद्यालय में 1496 से गणित के प्राध्यापक थे। यह ठीक-ठीक नहीं मालूम कि उन्होंने कब और कैसे त्रिघात समीकरणों को हल करने की विधि खोज निकाली थी। उस युग में अपने विरोधियों को चुनौतियों में परास्त करने के लिए गणितीय प्रविधियों को गोपनीय रखने की प्रथा थी, सो देलफेरो ने $x^3 + ax = b$ जैसे समीकरणों को हल करने की अपनी विधि भी गुप्त रखी। पता नहीं कितने वर्षों तक उन्होंने इस रहस्य को छिपाए रखा। अद्‌भुत था उनका धैर्य! मृत्यु के पूर्व उन्होंने यह रहस्य अपने दामाद (Annibale della Nave) और एक शिष्य एंटोनिओ फिओर को बताया। उनके दामाद को उनकी सारी पांडुलिपियाँ विरासत में मिलीं। यद्यपि ये प्रकाशित नहीं हुईं, पर कई गणितज्ञों ने इन्हें देखा था। दुर्भाग्य से ये गुम हो गई हैं। ऊपर जिस नाटक की चर्चा हमने की है, उसके 'मूक नायक' देलफेरो ही हैं। कार्दानो ने (1543) Ars Magna में देलफेरो के बारे में लिखा है : "In our own days Scipione del Ferro of Bologna has solved the case of the cube and first power equal to a constant, a very elegant and admirable accomplishment. Since this art surpasses all human subtlety and perspicuity of moral talenty and is a truly celestial gift and a very clear test of the capacity of men's minds, whoever applies himlelf to it will believe that there is nothing that he can not understand."

- **निकोलो फोन्टाना-तारतागलिया** (Nicolo Fontana-Tartaglia : 1500-1557) अपने ग्रंथ–Quesitie Inventioni Diverse (Problems and various Inventions–1546) में तारतागलिया ने अपने बारे में जो जानकारी दी है उसके अनुसार : ब्रोस्किया (इटली) के एक साधारण परिवार में उनका जन्म हुआ था। छह वर्ष की आयु में उनके पिता की मृत्यु हो गई। ब्रोस्किया पर फ्रेंच आक्रमण के समय 19 फरवरी, 1512 को वे गंभीर रूप से घायल हो गए थे। फलस्वरूप उनकी बोलने की शक्ति प्रभावित हुई और वे हकलाने लगे। इसीलिए उनका नाम तारतागलिया (हकलानेवाला) पड़ गया। उनके चेहरे पर घावों के निशानों को उनकी दाढ़ी ने छिपा लिया था, "अन्यथा मेरा चेहरा अत्यंत भयानक दिखता" उन्होंने कहा था। उनके बचपन के दिन अत्यंत निर्धनता में बीते पर उनमें पढ़ने और सीखने की लगन थी। लेखन-सामग्री न जुटा पाने के कारण वे कब्र के पत्थरों को स्लेट के रूप में

तारतागलिया

इस्तेमाल करते थे। धनाभाव के कारण, वे स्कूली शिक्षा भी प्राप्त नहीं कर सके। उनके स्वयं के शब्दों में–"I have learned of my own. I have had no other tutor, but the only constant company of a daughter of poverty, called industry" एक साधारण हैसियत से अपनी योग्यता के बाल पर ऊपर उठकर उन्होंने अपने लिए एक सम्मानजनक स्थान अर्जित किया। 1534 में वे वेनिस आए। यहाँ इंजीनियरों एवं आग्नेयास्त्र-विशारदों के सान्निध्य में उनकी प्रतिभा को नए आयाम मिले। यहीं उन्होंने 'यदि एक प्रक्षेपास्त्र को 45° के झुकाव पर फेंका जाए तो वह सर्वाधिक दूरी पर गिरता है' जैसे निष्कर्षों से तत्कालीन गणितज्ञों और सैन्य-विशेषज्ञों को चमत्कृत कर दिया था। वे वेनिस विश्वविद्यालय में गणित के प्राध्यापक नियुक्त हुए।

La nuova Scientia–(The New Science) : 1537 और Quesiti et Inventioni Diverse : 1546–उनके ये ग्रंथ इतालवी भाषा और संवाद शैली में लिखे गए हैं। बाद में गेलीलियो ने इसी शैली का अनुकरण किया। उन्होंने इतालवी भाषा में, जिसे वे 'राष्ट्रीय भाषा' कहते थे–यूक्लिड और आर्कमीदीज के अनुवाद भी किए। ये अनुवाद उनकी एक अन्य प्रसिद्ध कृति–Generall trattato di nimeri et musure में संकलित हैं। यह एक हजार पाँच सौ पृष्ठों का भीमकाय ग्रंथ है जिसमें उपरोक्त अनुवाद के साथ अंकगणित, व्यावहारिक ज्यामिती और बीजगणित पर चर्चा की गई है। इन ग्रंथों में कहीं भी त्रिघात समीकरणों को हल करने की विधि का उल्लेख नहीं है–यद्यपि उसी के कारण तारतागलिया का नाम आज भी गणित के इतिहास में जीवित है। व्यक्तिगत रूप से तारतागलिया की ख्याति एक बदमिजाज शख्स की थी और क्रोध में तो वे बिलकुल पागलों जैसा व्यवहार करने लगते थे।

- उत्तरी इटली में टिचीनियो नदी के तट पर एक पुराना शहर है–पाविया। रोमन साम्राज्य के पतन के बाद लगातार इस शहर पर आक्रमण होते रहे और हर बार नष्ट होकर खडंहरों की राख से यह शहर फिर उठ खड़ा हुआ। इसी शहर में 24 सितंबर, 1501 को **जिरोलिमो कार्दानो** (Gerolamo Cardano : 1501-1576) का जन्म हुआ। कार्दानो एक अशांत, अविवेकी और अनैतिक व्यक्ति

कार्दानो

थे पर उनके पास असाधारण गणितीय क्षमताएँ थीं। वे एक प्रसिद्ध गणितज्ञ, चिकित्सक, ज्योतिषी और दार्शनिक होने के साथ-साथ एक कुख्यात जुआरी भी थे। उनके भाग्य में जितनी प्रसिद्धि लिखी थी उतनी ही बदनामी भी थी। उनका जीवन बहुत अस्त-व्यस्त और उतार-चढ़ावों से भरा हुआ था। उनके व्यक्तित्व में असाधारण प्रतिभा, फरेब, मूर्खता और रहस्यवादिता का अद्भुत मिश्रण था। इन सबके बावजूद उनके लेखन में मूलभूत ईमानदारी थी जिसके कारण उनके प्रति असहिष्णु नहीं हुआ जा सकता। अपने स्वयं के बारे में उनका यह कथन सत्य के बहुत निकट है–"Plura scripsi quām legi, plura docui quām didic." अर्थात "मैंने जितना पढ़ा है उससे अधिक लिखा है और जितना खुद सीखा है, उससे कहीं ज्यादा दूसरों को सिखाया है।" लाइबनिट्ज (Leibnitz) के शब्दों में "कार्दानो अपनी अनेक गलतियों के साथ एक महान व्यक्ति थे। इन गलतियों के अभाव में वे अतुलनीय होते।"

- यद्यपि माँ और पिता की ओर से उनकी वंश परंपराएँ बहुत पुरानी थीं–परंतु वे फेचियो कार्दानो नामक वकील और चियारा मिचेरी नामक महिला की अवैध संतान थे। फेचियो की रुचियाँ अत्यंत व्यापक थीं और चियारा धार्मिक स्वभाव की थीं। जन्म की अवैधता के कारण ही उन्हें मिलान के चिकित्सा महाविद्यालय में प्रवेश नहीं दिया गया था।
- पाविया और पाडुआ के विश्वविद्यालयों में उन्होंने शिक्षा प्राप्त की। 1539 में नियमों को परिवर्तित कर उन्हें चिकित्सा महाविद्यालय में प्रवेश दिया गया, यद्यपि इसके पूर्व ही वे एक छोटे शहर (Sacco) में डॉक्टरी शुरू कर चुके थे। 1531 में उन्होंने विवाह किया।
- डॉक्टरी की असफलता के कारण उनकी आर्थिक स्थिति दयनीय हो गई। इसमें जुआ भी प्रमुख कारण था। उन्होंने कुछ समय निराश्रितों के लिए बने आश्रय स्थल में बिताया।
- वे मिलान आए और 1534 में वहाँ गणित के प्राध्यापक नियुक्त हुए, परंतु एक अन्य बीजगणितज्ञ से प्रतियोगिता में परास्त होने के कारण उनकी यह नौकरी छूट गई।

- तभी संयोग से एक सीनेटर के पुत्र का सफल इलाज करने के फलस्वरूप वे चिकित्सा महाविद्यालय में प्रवेश पाने में सफल हुए और उन्हें वहाँ डॉक्टरी शुरू करने की अनुमति भी प्राप्त हो गई। शीघ्र ही एक चिकित्सक के रूप में उनकी ख्याति सारे यूरोप में फैल गई। उनकी तुलना उस समय के सर्वश्रेष्ठ चिकित्सक एंड्रियाज वर्सीलियस से की जाती थी।
- यहाँ जुए में उन्होंने अपनी संपत्ति और व्यावसायिक प्रतिष्ठा खो दी। उन्होंने अपनी आत्मकथा में लिखा है : "I could never express in a few words how much damage this caused my home life, without any compensation."
- इसके पूर्व कि उनके बुरे दिन आते, भाग्यदेवी एक बार फिर उन पर प्रसन्न हुईं और वे पाडुआ विश्वविद्यालय में चिकित्साशास्त्र के प्राध्यापक नियुक्त हुए।
- 1552 में स्कॉटलैंड के आर्कबिशप सेंट एंड्रयूज हेमिल्टन ने उन्हें आमंत्रित किया। आर्कबिशप अस्थमा से पीड़ित थे। उनका इलाज करने पर कार्दानो ने खूब धन और यश कमाया। वहाँ से लौटते समय उन्होंने इंग्लैंड के 16 वर्षीय राजा एडवर्ड षष्टम की जन्मपत्री बनाई और सम्राट की 55 वर्ष 3 माह 17 दिन की आयु की भविष्यवाणी की जो अगले ही वर्ष महामहिम की मृत्यु से गलत सिद्ध हुई।
- 1560 में उनके पुत्र Doctor Giambattista को अपनी पत्नी की हत्या के जुर्म में मृत्युदंड दिया गया। कार्दानो इस आघात से उबरे भी न थे कि आपराधिक प्रवृत्ति के उनके दूसरे पुत्र Aldo ने उनकी अधिकांश संपत्ति हड़प ली। यही नहीं 14 अक्तूबर, 1570 को व्यभिचार (जादू-टोने) के आरोप में उन्हें जेल भेजा गया तथा उनकी बची-खुची संपत्ति भी जब्त कर ली गई।
- जेल जाने के पूर्व उन्होंने अपने 120 ग्रंथ और पांडुलिपियाँ नष्ट कर दीं।
- इतना सब होने के बावजूद अपनी असाधारण चिकित्सीय योग्यताओं के लिए पोप से पेंशन प्राप्त करते हुए, उन्होंने अपने जीवन के अंतिम वर्ष रोम में 'private person' के रूप में व्यतीत किए। यहीं 21 सितंबर, 1576 को उनकी मृत्यु हुई। कहा जाता है कि उन्होंने अपनी मृत्यु की भविष्यवाणी पहले से कर दी थी। यह भी कहा जाता है कि निर्धारित तिथि पर अपनी मृत्यु सुनिश्चित करने के लिए उन्होंने कई दिन पूर्व से भोजन त्याग दिया था। जीवन के अंतिम वर्षों में उन्होंने अपनी आत्मकथा–De vita Propria Liber–The Book of My Life लिखी जिसमें अंतिम प्रविष्टि 28 अप्रैल, 1576 की है।
- The Book of My Life–एक रोचक और पठनीय ग्रंथ है। 16वीं शताब्दी

की साहित्यिक विधाओं की दृष्टि से भी यह एक महत्वपूर्ण कृति है। यद्यपि यह एक आत्मप्रशंसात्मक ग्रंथ है जो डींगों और आत्मस्तुति से भरा हुआ है। इसके अनुसार 500 दुस्साध्य बीमारियों के निदान का श्रेय कार्दानो ने लिया है। ओस्टीन ओर (Oystein ore) ने Cardano : A Gambling Scholar शीर्षक से उनके जीवन और कार्यों पर लिखा है।

- De libris propris (On my own books) नामक ग्रंथ में उन्होंने अपनी रचनाओं का विवरण दिया है। दर्शन और नीतिशास्त्र पर उनकी पुस्तकें बहुत लोकप्रिय थीं और वर्षों तक पाठ्यपुस्तक के रूप में प्रयुक्त हुईं। उनकी एक रचना का अँग्रेजी अनुवाद–On consolation शीर्षक से हुआ था। कहा जाता है कि इस पुस्तक ने शेक्सपियर को बहुत प्रभावित किया था। यह भी माना जाता है कि हेमलेट का प्रसिद्ध वाक्यांश To be or not to be मूलतः कार्दानो का ही है। संभावना सिद्धांत पर केंद्रित उनकी कृति है–Liber de Ludo Aleae : The book of game of chances. De Subtililate Rerum : on subltlety और De Rerum Varietate : on a variety of Matters उनकी विविध रचनाएँ हैं जो विश्वकोशीय चरित्र की हैं।
- Ars Magna–The Great Art उनकी सर्वाधिक प्रसिद्ध और युगांतरी कृति है। यह 1545 में न्यूरेम्बर्ग से प्रकाशित हुई थी। इसमें पहली बार समीकरणों के ऋणात्मक मूल स्वीकार किए गए। फेलिक्स क्लेन के अनुसार इस ग्रंथ में आधुनिक बीजगणित के बीज हैं।

इस पुस्तक के अंतिम भाग में कार्दानो–दो संख्याओं को ज्ञात करने के प्रश्न पर विचार करते हैं—जिनका योग 10 है और गुणन 40 है। प्रकारांतर से यह समीकरण—

$$x^2 - 10x + 40 = 0$$

को हल करने का ही प्रश्न है। कार्दानो ने पाया कि उपरोक्त प्रतिबंधों को संतुष्ट करने वाली वास्तविक संख्याएँ प्राप्त नहीं की जा सकतीं। उन्होंने एक संख्या $\sqrt{-15}$ की कल्पना की और पाया कि

$$\left(5+\sqrt{-15}\right)+\left(5-\sqrt{-15}\right)=10$$

$$\left(5+\sqrt{-15}\right)\times\left(5-\sqrt{-15}\right)=25+5\sqrt{-15}-5\sqrt{-15}-(-15)=40$$

पर $\sqrt{-15}$ जैसी संख्याओं को निरर्थक कहते हुए उन्होंने इस विषय को

वहीं छोड़ दिया। बाद में रॉफेल बाम्बेली ने इन सूत्रों की सहायता से सम्मिश्र संख्याओं के बीजगणित का विकास किया।

उनकी संपूर्ण रचनाएँ 10 बड़े खंडों में 1663 में प्रकाशित हुई हैं।

- वे अपने आपमें एक विश्वकोश थे। अनेक विरोधाभासों, कमजोरियों और असामान्य आदतों के बावजूद वे एक प्रतिभाशाली गणितज्ञ, ज्योतिषशास्त्री और चिकित्सक थे। अपने मित्रों और विद्यार्थियों के लिए वे बिलकुल ही दूसरे व्यक्ति थे। गणित के इतिहासज्ञ मारित्ज कैंटर (1829-1920) ने उनकी प्रशंसा करते हुए उन्हें एक चरित्रहीन प्रातिभ निरूपित किया है। राफेल बाम्बेली के शब्दों में "कार्दानो का व्यक्तित्व मानवीय होने की बजाय दैवीय गरिमा से युक्त था।"
- **लोदोविचो फेरारि** (Luigi ≃ Lodovico Ferrari : 1522-1565) 14 नवंबर, 1536 के दिन 14 वर्ष का यह बालक, कार्दानो के सेवक के रूप में रंगमंच पर प्रवेश करता है। कार्दानो, जिन्हें शुभ-संकेतों पर विश्वास था; ने लिखा है : "उस दिन बरामदे में मैना इतने लंबे समय तक जोर से चिंचिआई कि हम सब किसी आगंतुक की प्रतीक्षा करने लगे।" फेरारि एक असाधारण योग्यता वाला प्रतिभासंपन्न युवक था। उसने कार्दानो के पास रहकर गणित सीखा और शीघ्र ही वह नौकर से कार्दानो का मित्र, सहयोगी और सचिव बन गया तथा एक गणितज्ञ के रूप में जाना जाने लगा। वह अत्यंत उग्र स्वभाव का था और 17 वर्ष की आयु में एक झगड़े में अपने दायें हाथ की सारी ऊँगलियाँ गँवा बैठा था। गणित पर उसके व्याख्यान लोकप्रिय थे। उसने त्रिघात समीकरणों को हल करने की विधि कार्दानो से सीखी और शीघ्र ही चतुर्थ घात समीकरण को हल करने की विधि खोज निकाली। कार्दानो ने Ars magna के 39वें अध्याय में फेरारि का उल्लेख करते हुए उसकी विधि की व्याख्या की है। सन् 1565 में उसकी मृत्यु, कार्दानो की बहुत बड़ी क्षति थी। कहा जाता है उसे उसकी ही बहन ने जहर दे दिया था। उसकी मृत्यु पर, रोमन सूक्तिकार मार्शल के शब्दों को दोहराते हुए, कार्दानो ने लिखा था : "For those without measure life is short, rarely do they attain old age. Whatever you may love or desire, let not your indulgence go beyond bounds."

अथातो त्रिमूलम जिज्ञासा : 2

सिपिओन देलफेरो (Scipione Del Ferro) की याद है ना? 1526 में अपनी मृत्यु के पूर्व, त्रिघात समीकरण $x^3 + ax = b$ को हल करने की विधि वे एंटोनिओ फिओर को बता गए थे। फिओर औसत दर्जे के गणितज्ञ थे। त्रिघात समीकरण को हल करने की विधि के रूप में मानो एक खजाना ही उनके हाथ लग गया था। अपने को एक गणितज्ञ के रूप में स्थापित करने के उद्देश्य से उन्होंने 1535 में तारतागलिया को चुनौती दे डाली। यह निश्चित हुआ कि दोनों एक-दूसरे को 30 प्रश्न देंगे, जिसका हल एक नियत तिथि तक एक नोटरी के पास जमा कराना होगा। तारतागलिया ने विविध प्रश्न दिए, जबकि फिओर के तरकश में केवल एक ही तीर था–त्रिघात समीकरण $x^3 + ax = b$। अतः उसने अपने सारे प्रश्न उस पर दिए। बेचारा फिओर! उसे सपने में भी यह गुमान नहीं था कि तारतागलिया के पास भी इन समीकरणों को हल करने की विधि है। नियत तिथि से पूर्व ही तारतागलिया ने सारे प्रश्न हल कर, नोटरी के पास भिजवा दिए जबकि फिओर एक भी प्रश्न हल नहीं कर पाए और पराजित हुए। शीघ्र ही तारतागलिया ने समीकरण $x^3 = ax + b$ को हल करने की विधि भी खोज निकाली।

कार्दानो (Cardano) उस समय बीजगणित पर एक पुस्तक लिख रहे थे और उसमें तारतागलिया की विधियों का उल्लेख करना चाहते थे। तारतागलिया अपनी विधि को सार्वजनिक करने को तैयार नहीं थे। कार्दानो ने तारतागलिया से यह विधि जानने के बहुत प्रयास किए पर वे सफल नहीं हुए।

कार्दानो ने बिना निराश हुए अपने प्रयास जारी रखे। अंत में उन्होंने तारतागलिया को अपने निवास पर आमंत्रित किया और उनकी मुलाकात लोम्बार्दी के गवर्नर से भी कराने का आश्वासन दिया जिसे तारतागलिया के सैन्य उपकरणों में गहरी रुचि थी। इस आमंत्रण को तारतागलिया अस्वीकार नहीं कर पाए। 25 मार्च, 1539 को दोनों गणितज्ञ कार्दानो के निवास पर मिले। इस बार कार्दानो सफल हुए। उन्होंने तारतागलिया से कहा, "मैं पवित्र ग्रंथों की कसम खाता हूँ और एक भद्र पुरुष की भाँति आपको विश्वास दिलाता हूँ कि यदि आप अपनी विधि मुझे बताते हैं, तो मैं उसे गुप्त रखूँगा। एक सच्चे ईसाई की भाँति मैं आपको यह भी विश्वास दिलाता

हूँ कि मैं उसे इस प्रकार कूट भाषा में लिखूँगा जिससे मेरे उपरांत कोई अन्य उसे पढ़ पाने में सफल न हो। यदि आप मुझे विश्वसनीय समझते हैं तो कृपापूर्वक अपनी विधि मुझे बताएँ, अन्यथा हम इस चर्चा को यहीं समाप्त कर सकते हैं।"

कार्दानो के इस प्रकार शपथ-बद्ध होने पर तारतागलिया ने अपनी विधि से उन्हें अवगत कराया। उन्होंने यह रहस्य एक पद्य के रूप में व्यक्त किया, जिसकी प्रथम दो पंक्तियाँ हैं :

Qrando chel cubo con le cose appresso
Se agguaglia a qualche numero discreto

इस कविता की अंतिम पंक्तियों में उन्होंने यह संकेत दिया है कि यह विधि 1534 में वेनिस शहर में उनके द्वारा खोज निकाली गई थी। कहा जाता है कि विधि बताने के तुरंत बाद ही, वे गवर्नर से मुलाकात किए बिना ही वापस लौट गए। गणित के इतिहासकारों की यह जिज्ञासा आज भी बनी हुई है कि क्या कार्दानो ने उन्हें सम्मोहित कर दिया था? कार्दानो की जिस प्रकार की ख्याति थी उसको देखते हुए यह असंभव तो नहीं लगता।

12 मई, 1539 : कार्दानो अपनी नई कृति 'प्रैक्टिका अरिथमेटिका जेनेरल्स' (Practica Arithmetica Generals) की प्रति तारतागलिया को भिजवाते हैं। इसमें अपनी विधि का कोई उल्लेख न देखकर तारतागलिया, कार्दानो के प्रति आश्वस्त होते हैं। कार्दानो ने उन्हें यह भी सूचित किया कि तारतागलिया के सूत्र की सत्यता को परखने के उपरांत वे इस निष्कर्ष पर पहुँचे हैं कि इसका व्यापक महत्व है।

तारतागलिया के अनुसार :

$$x^3 + 6x = 20$$

को हल करने के लिए मान लो,

$$x = u - v$$

जहाँ, u, v निम्न प्रतिबंधों को संतुष्ट करते हैं,

$$u^3 - v^3 = 20$$

$$3uv = 6$$

अतः $u^3 = \sqrt{108} + 10$

$$v^3 = \sqrt{108} - 10$$

$$\therefore \quad x^3 = \sqrt[3]{\sqrt{108} + 10} - \sqrt[3]{\sqrt{108} - 10}$$

शीघ्र ही कार्दानो ने–

$x^3 = ax + b$ और $x^3 + b = ax$

जैसे समीकरणों को हल कर लिया।

कुछ वर्षों तक तो कार्दानो ने अपनी शपथ का पालन किया, परंतु उनका फितरती दिमाग काम कर रहा था। वे सोच रहे थे कि चुनौती में फिओर द्वारा त्रिघात समीकरण देने का मतलब यह है कि उसे यह विधि मालूम थी। फिओर कोई प्रखर गणितज्ञ नहीं थे। इसका सीधा-सा अर्थ था कि उसने यह विधि कहीं से प्राप्त की है। कहाँ से? कौन हो सकता है इसका शोधक? क्या देलफेरो? निश्चित ही फिओर ने यह विधि देलफेरो से प्राप्त की होगी।

1543 में कार्दानो और फेरारि बोलोना जाकर देलफेरो के दामाद से मिले और दोनों ने देलफेरो की पांडुलिपियों का अध्ययन किया। कार्दानो ने पाया कि तारतागलिया से बहुत पहले देलफेरो ने यह विधि प्राप्त की थी। यदि कार्दानो को यह सब पहले ज्ञात हो जाता तो इस विधि को तारतागलिया से प्राप्त करने के लिए इतना श्रम नहीं करते।

अब पूरा परिदृश्य बदल चुका था। कार्दानो के लिए ली गई शपथ का अब कोई महत्व नहीं रह गया था। कार्दानो ने अपनी कृति 'अर्स मैग्ना' (Arsa Magna) में इस विधि का समावेश किया। प्राथमिकताओं को श्रेय देने की उनकी कोशिश ईमानदार थी। इसलिए उन्होंने स्वयं इस खोज का श्रेय नहीं लिया और देलफेरो को इसका श्रेय देते हुए लिखा कि तारतागलिया ने भी इसे स्वतंत्र रूप से प्राप्त किया। 'अर्स मैग्ना' (1545) के प्रकाशित होते ही तारतागलिया के क्रोध की सीमा नहीं रही। उन्होंने कठोर शब्दों में कार्दानो की भर्त्सना की। कार्दानो ने तो कोई प्रत्युत्तर नहीं दिया परंतु फेरारि चुप नहीं बैठे। उन्होंने तारतागलिया को चुनौती दे डाली। 10 अगस्त, 1548 को एक बार फिर गणितीय द्वंद्व हुआ और इस बार तारतागलिया की पराजय हुई।

अपनी पराजय से निराश और दुखी तारतागलिया की मृत्यु 1557 में हुई। उनकी मृत्यु के उपरांत ही उनका ग्रंथ 'त्राताओ जेनराले डि न्यूमेरी एट मिसूरे' (Trattao Generale di Numeri et Misure) (A General on Number and Measurement) प्रकाशित हो पाया। इस द्वंद्व के पश्चात फेरारि बहुत प्रसिद्ध हो गए। रोम में उन्हें सार्वजनिक व्याख्यानों के लिए आमंत्रित किया गया। 1565 में 43 वर्ष की आयु में उनकी मृत्यु हो गई। कहा जाता है कि उनकी बहन ने ही उन्हें जहर दिया था। कार्दानो इन दोनों के बाद भी कई वर्षों तक जीवित रहे, पर उनका जीवन सुखी नहीं था।

'अर्स मैग्ना' में प्रकाशित होने के कारण त्रिघात समीकरणों को हल करने का सूत्र कार्दानो के नाम से जाना जाने लगा। गणित के कई इतिहासकारों, जैसे मार्टिज केंटर (Mortiz Cantor), एटोरी बोरतोलेटी (Ettore Bortoletti), गुस्ताव एनेस्ट्राम (Gustav Enestrom) ने इस संपूर्ण घटनाक्रम के विविध पक्षों पर विस्तार से लिखा है।

अपनी आत्मकथा 'द बुक ऑफ माई लाइफ' में कार्दानो ने अपने बारे में लिखा, "अपने जीवन के कर्तव्यों के प्रति मैं अपवादस्वरूप ईमानदार रहा विशेषकर पुस्तकों को लिखने में। मैंने कभी मित्रता नहीं तोड़ी, यहाँ तक कि संबंधों के विछिन्न होने की स्थिति तक भी। और, न ही कभी अपने पूर्व मित्रों के रहस्यों को उजागर किया।"

कार्दानो की मृत्यु 21 सितंबर, 1576 को हुई।

यहाँ Algebra जैसी महत्वपूर्ण पुस्तक के लेखक और इटेलियन बीजगणितज्ञ रॉफेल बॉम्बेली (Ragael Bombelli : 1526-1573) की चर्चा करना प्रासंगिक होगा। सम्मिश्र संख्याओं (Complex Numbers) की खोज का श्रेय बॉम्बेली को ही दिया जाता है और उन्होंने ही संयुग्मी सम्मिश्रों को समीकरणों के मूल के रूप में प्रतिष्ठित किया।

उन्होंने $\sqrt{2}$ के सन्निकट मान को प्राप्त करने के लिए निम्न विधि का उपयोग किया :

माना कि $\sqrt{2} = 1 + \frac{1}{y}$ ....(i)

अतः $y = 1 + \sqrt{2}$ ....(ii)

$\therefore \quad y + 1 = 2 + \sqrt{2}$

$\therefore \quad y = 2 + \frac{1}{y}$

$$\Rightarrow \quad \sqrt{2} = 1 + \cfrac{1}{2 + \cfrac{1}{y}}$$

$$\Rightarrow \quad \sqrt{2} = 1 + \frac{1}{2+}\frac{1}{2+}\frac{1}{2+}\ldots$$

प्रथम सन्निकटन– $\sqrt{2} = 1 + \frac{1}{2} = \frac{3}{2}$

द्वितीय सन्निकटन– $\sqrt{2} = 1 + \frac{1}{2+}\frac{1}{2}$

$$= 1 + \cfrac{1}{2 + \cfrac{1}{2}} = \frac{7}{5}$$

बॉम्बेली ने इसी प्रकार $\sqrt{13}$ के भी सन्निकट मान प्राप्त किए–

$$\sqrt{13} \sim 3 + \frac{4}{6} = 3\frac{2}{3}$$

अथवा $\sqrt{13} \sim 3 + \frac{4}{6} + \frac{4}{6} = 3\frac{2}{5}$

अपनी पुस्तक के दूसरे भाग में उन्होंने समीकरणों को हल करने की विधियों का वर्णन किया है। उनके द्वारा हल किया गया एक उदाहरण इस प्रकार है :

$x^3 = 15x + 4$ ....(1)

के मूल कार्दानो की विधि से प्राप्त करने पर

$x = \sqrt[3]{2 + \sqrt{-121}} + \sqrt[3]{2 - \sqrt{-121}}$ ....(2)

समीकरण (1) का वास्तविक मूल है $x = 4$

बॉम्बेली (2) की व्याख्या करते हैं, वे लिखते हैं :

$\sqrt[3]{2 + \sqrt{-121}} + p + \sqrt{-q}$ ....(3)

अत: $2 + \sqrt{-121} = \left(p^3 - 3pq\right) + \left(3p^2 - q\right)\sqrt{-q}$

अब $p^3 - 3pq = 2$ ....(4)

$\left(3p^2 - q\right)\sqrt{-q} = \sqrt{-121}$ ....(5)

रखने पर तथा

$\sqrt[3]{2 - \sqrt{-121}} = p - \sqrt{-q}$ ....(6)

लेने पर बॉम्बेली (3) और (6) का गुणा करते हैं–

$\sqrt[3]{125} = p^2 + q$

या $q = 5 - p^2$, (4) में रखने पर

$$p^3 - 3p(5 - p^2) = 2$$

अर्थात $4p^3 - 15p = 2$

$\therefore\ p = 2$ और $q = 1$

अतः $\sqrt[3]{2+\sqrt{-121}} = 2+\sqrt{-1}$ और

$$\sqrt[3]{2-\sqrt{-121}} = 2-\sqrt{-1}$$

इस प्रकार समीकरण का वास्तविक मूल $x = 4$ प्रात होता है। लाइबनिट्स और आयलर दोनों ने बॉम्बेली के कार्यों को उद्धृत किया है।

16वीं शताब्दी में राबर्ट रिकार्डे (Robert Recorde : 1510-1558) को इंग्लैंड का एकमात्र प्रतिष्ठित गणितज्ञ कहा जा सकता है। उन्होंने ऑक्सफोर्ड और कैम्ब्रिज में शिक्षा प्राप्त की थी। वे एडवर्ड-6 और साम्राज्ञी मेरी के चिकित्सक थे। समीकरणों में '=' के चिह्न का सर्वप्रथम उपयोग रिकार्डे द्वारा ही किया गया। 1558 में जेल में उनकी मृत्यु हुई। उन्हें जेल क्यों हुई यह ज्ञात नहीं। इसी वर्ष साम्राज्ञी मेरी का भी निधन हुआ। एलिजाबेथ-प्रथम के शासनकाल में इंग्लैंड में कोई उल्लेखनीय गणितज्ञ नहीं हुआ। अब फ्रांस गणितीय गतिविधियों के केंद्र के रूप में महत्वपूर्ण होता जा रहा था, जहाँ वाइटा (Viete) और फर्मा (Fermat) जैसे गणितज्ञ अपने युगांतकारी कार्यों के साथ हमारी प्रतीक्षा कर रहे थे।

फ्रांस में बीजगणित–वाइटा

16वीं शताब्दी में लगभग सारा यूरोप धार्मिक युद्धों की लपेट में था। ये युद्ध कैथोलिक और प्रोटेस्टेंट धर्मावलंबियों के बीच हो रहे थे। भारत में 1526 में बाबर ने अपनी विजय अंकित कर शक्तिशाली मुगल साम्राज्य की नींव रखी, जिसने लगभग तीन शताब्दियों तक अपना प्रभुत्व बनाए रखा। फ्रांस में गणित के अध्ययन को प्रारंभ करने और उसे एक सुव्यवस्थित, सुदृढ़ और ठोस आधार प्रदान करने का श्रेय अनेक व्यक्तियों को है जो आज गुमनामी के अँधेरे में खो गए हैं। इन अप्रसिद्ध और अपेक्षाकृत अज्ञात गणितज्ञों के कार्यों व लेखन ने वाइटा, फर्मा और दकार्ता के लिए आवश्यक एवं अनुकूल पृष्ठभूमि का निर्माण किया। आइए इस अध्याय का प्रारंभ कृतज्ञतापूर्वक ऐसे ही कुछ गणितज्ञों के उल्लेख से करें।

जेकस लेफव्रे (Jacques Lefévre : 1455-1536) का जन्म एक अत्यंत साधारण परिवार में हुआ था। इन्होंने यूक्लिड के ग्रंथों का संपादन किया। ये पेरिस विश्वविद्यालय से संबद्ध थे।

ओरोंस फिने (Oronce Finè : 1494-1555) कॉलेज रॉयल में गणित के शिक्षक थे। उन्होंने जुआन मार्तींज सिलीसियुस के *अरिथमेटिका* को संशोधित कर प्रकाशित किया था। दशमलव अंकों का प्रयोग करने वाले वे प्रथम व्यक्ति थे। गणित को लोकप्रिय बनाने में उनकी भूमिका महत्वपूर्ण थी।

पियरे द ला रामी-रामुस (Pierre de la Ramee-Ramus : 1515-1572) की गणना पेरिस विश्वविद्यालय के अत्यंत प्रभावी प्राध्यापकों में की जाती थी। उनका व्यक्तित्व आकर्षक एवं प्रभावोत्पादक था। उनकी दिनचर्या संयमित और अत्यधिक कठोर थी। सन् 1527 में संत बार्थोलेम्यू दिवस के हत्याकांड की तीसरी रात को छात्रों की एक क्रुद्ध भीड़ ने उनकी हत्या कर डाली। बिना किसी पूर्व चेतावनी के प्रारंभ हुए इस नृशंस हत्याकांड का आदेश अपनी माँ कैथेराइन के कहने पर चार्ल्स नवम ने दिया था। रामी ने अरस्तू और यूक्लिड की आलोचनात्मक व्याख्या की। उनके द्वारा प्रारंभ गणित की शिक्षण व्यवस्था फ्रांस में तीन शताब्दियों तक प्रचलन में रही। उन्होंने कॉलेज रॉयल में अपने नाम से गणित की एक पीठ की स्थापना भी की थी।

सन् 1559 में बीजगणित पर **जीन बोरेल** (Jean Borel : 1492-1572) की पुस्तक प्रकाशित हुई जिसे अत्यंत लोकप्रियता मिली।

सन् 1578 में **गोसेलिन** (Guillaume Gosselin) ने तारतागलिया के कार्यों का फ्रेंच अनुवाद किया। यह फ्रांस की राजकुमारी और नवारे की महारानी मारग्रेट को समर्पित किया गया था। संभवत सन् 1580 में पेरिस में फैली महामारी के दौरान उनकी मृत्यु हुई। इस कारण डायोफेंटस के कार्य पर लिखी जाने वाली उनकी व्याख्यात्मक पुस्तक अधूरी रह गई। उन्होंने बीजगणित पर भी एक ग्रंथ लिखा।

फ्रैंकॉइस वाइटा (Francois Viete : 1540-1603) वाइटा पेशे से गणितज्ञ नहीं थे। उन्होंने कानून की शिक्षा प्राप्त की थी। वे हेनरी-तृतीय और हेनरी-चतुर्थ की काउंसिल के सदस्य भी थे। वे एक शौकिया गणितज्ञ थे और फुरसत के समय गणित का अध्ययन करते थे। उन्होंने अपने बारे में कहा था, "मैं गणितज्ञ होने का दावा नहीं करता, लेकिन हाँ अपने खाली समय में मैं गणित के अध्ययन का आनंद उठाता हूँ।"

वाइटा

कानूनविद् और राजनैतिक प्रशासक होने के साथ-साथ वे एक गंभीर और मौलिक विचारक भी थे। अध्ययन की उनकी विविध रुचियों में उनकी संपूर्ण एकाग्रता गणित में परिलक्षित होती है। गणित में भी उनकी सर्वश्रेष्ठ अभिव्यक्ति बीजगणित में हुई।

इसी कारण वे आधुनिक बीजगणित के अत्यंत निकट लगते हैं। सन् 1591 में प्रकाशित उनकी पुस्तक 'इन आर्तेम एनालितिकम' ने बीजगणित के विकास में महत्वपूर्ण भूमिका निभाई और यह आधुनिक बीजगणित की प्रथम पुस्तक मानी जाती है। यही कारण है कि उन्हें 'आधुनिक बीजगणित का जनक' भी कहा जाता है। गणित के इतिहासकार ईव्स उन्हें 16वीं शताब्दी के फ्रांस का सर्वश्रेष्ठ गणितज्ञ मानते हैं। उन्होंने खगोल विज्ञान, त्रिकोणमिति और ज्यामिती में भी महत्वपूर्ण कार्य किया था। यूरोप के अधिकांश गणितज्ञ उनके गणितीय कार्य से परिचित थे। उनके उपलब्ध ग्रंथों का एक संकलन 'ऑपेरा मेथिमेटिका' के नाम से सन् 1646 में प्रकाशित हुआ था।

पुनर्जागरण के अन्य गणितज्ञों की भाँति वाइटा भी ग्रीक गणित के अध्येता थे। उन्होंने यूक्लिड, पेप्पस, डायोफेंटस, अपोलोनियस आदि के कार्यों का गहन

अध्ययन किया था। यदि उन्हें अरब गणितज्ञों के कार्यों की भी पूरी जानकारी होती तो शायद बीजगणित में उनका कार्य कहीं अधिक युगांतरकारी होता।

वाइटा ने बीजगणित और ज्यामिती के अंतःसंबंधों की त्रिकोणमिति की सहायता से व्याख्या की। उन्होंने वृत्तीय फलनों द्वारा त्रिघात समीकरण का हल प्रस्तुत करते हुए यह प्रतिपादित किया कि त्रिघात समीकरण को हल करना वास्तव में किसी कोण को समत्रिभाजित करने जैसा ही है।

उदाहरण के लिए इस समीकरण को लें–

$x^3 + ax + b = 0$

इसमें $x = ky$ और $k = \sqrt{\frac{-4a}{3}}$ रखने पर प्राप्त होता है :

$4y^3 - 3y = c$

यदि $y = \cos\theta$ हो तो :

$4\cos^3\theta - 3\cos\theta = \cos 3\theta = c$

c का मान दिया रहने पर हम एक कोण $3\theta = \cos^{-1}c$ खींच सकते हैं और इसके समत्रिभाजन से $y = \cos\theta$ हल प्राप्त किया जा सकता है।

अपने उपन्यास 'द पैरेट्स थीयोरम' (मूल फ्रैंच, अँग्रेजी अनुवाद फ्रैंक वाइने) में डेनिस गुएज, वाइटा के जीवन के एक प्रसंग का उल्लेख कुछ इस तरह करते हैं :

> हेनरी चतुर्थ के शासनकाल में फ्रांस युद्ध की विभीषिका से जूझ रहा था। दक दे गुइसे की हत्या की जा चुकी थी। एक दिन स्पेनी सैनिकों के पास से राजा के आदमियों को कुछ पत्र मिले। पत्र कूट भाषा में लिखे गए थे और उस कूट में 500 से भी अधिक वर्णों का प्रयोग किया गया था। कूट का अर्थ निकालना असंभव था। हेनरी ने वे पत्र वाइटा को भेज दिए। उसके बाद भी पत्र पकड़े गए और स्पेनियों ने कूट को कई बार बदला, लेकिन वाइटा ने अपनी विशेष विधि से कूट में किये गए परिवर्तनों का पता लगा लिया। स्पेनियों को विश्वास था कि जादू के बिना कूट की व्याख्या कोई नहीं कर सकता, इसलिए उन्होंने धर्माधिकरण में वाइटा के खिलाफ दोषारोपण किया। उसे जादूगर कहकर रोम के पवित्र धर्माधिकरण में पेश किया गया। यह संयोग ही था कि लगभग उसी समय कार्दानो को भी धर्माधिकरण ने बंदी बनाया। लगता है, वे गणितज्ञों के पीछे पड़े हुए थे।

इससे उनकी बहुमुखी प्रतिभा की एक झलक मिलती है। यह घटना हेनरी-चतुर्थ के शासनकाल की है और उस समय स्पेन में फिलिप द्वितीय का राज्य था। पोप ने

वाइटा को कोई दंड दिया हो, ऐसा कोई उल्लेख नहीं मिलता है। पोप को वाइटा का यह कार्य असंभव इसलिए नहीं लगा होगा क्योंकि वेटिकन के विशेषज्ञों ने लगभग तीस वर्ष पूर्व स्पेन के राजा के कूटभाषा में लिखे पत्र को पढ़ने में सफलता प्राप्त की थी। सन् 1593 में डच गणितज्ञ एड्रियन वान रूमें (Adrian Van Roomen : 1561-1615) ने एक 45 घातीय समीकरण चुनौती के रूप में प्रस्तुत किया। यह समीकरण था–

$$45y - 3795y^3 + 95634y^5 - ... + 945y^{41} - 45y^{43} + y^{45} = c$$

नीरदलैंड के राजदूत ने फ्रांस के सम्राट हेनरी-चतुर्थ की सभा में यह दावा किया कि फ्रांस में कोई भी गणितज्ञ इसे हल नहीं कर सकता। वाइटा ने समीकरण को देखते ही समझ लिया कि यह $c = 2\sin\phi$ और $y = 2\sin\frac{1}{45}\phi$ का रूपांतरण है। उन्होंने इकाई अर्द्धव्यास के वृत्त को 45 बराबर भागों में बाँटकर –8° का कोण बनाने वाले चापकर्ण की सहायता से समीकरण का हल प्राप्त करके सबको चकित कर दिया। सन् 1595 में उन्होंने अपने इस हल को प्रकाशित किया। वाइटा की प्रतिभा से रूमें इतने प्रभावित हुए कि केवल वाइटा से मिलने के लिए ही उन्होंने नीदरलैंड से फ्रांस की यात्रा की। यह एक ऐसा गणितीय द्वंद्व था जो कटुता के बजाय मित्रता में फला-फूला।

बीजगणित की दृष्टि से 1591 में प्रकाशित उनकी कृति 'इन आर्तेम एनेलितिकेम आइसागोगे' अत्यंत महत्वपूर्ण है। इसमें उन्होंने पेप्पस की विधियों को परिमार्जित कर, उन्हें डायोफेंटस की विधियों से संयुक्त करने का प्रयास किया है और 'रेटिक' शीर्षक से अज्ञात राशियों को समीकरणों के माध्यम से प्राप्त करने की अपनी विधियों की व्याख्या भी प्रस्तुत की है। उन्होंने ही बीजगणित में '+' और '–' चिह्नों का प्रयोग प्रारंभ किया। वे पहले गणितज्ञ थे जिन्होंने अज्ञात एवं ज्ञात राशियों के लिए अक्षरों का प्रयोग किया। उन्होंने व्यंजनों के माध्यम से (B, C, D, ...) ज्ञात राशियों को और स्वरों के माध्यम से अज्ञात राशियों को निरूपित किया।

- वाइटा ने सभी द्विघात समीकरणों को, समीकरण $BA^2 + CA + D = 0$ के रूप में लिखने का प्रयास किया।
- उन्हें समीकरणों के मूल और गुणांकों के बीच संबंधों की जानकारी थी।
- उन्होंने त्रिघात समीकरणों को हल करने के लिए :
  - (i) समीकरण को $x^3 + 3ax = b$ के रूप में लिखा
  - (ii) अब $y^2 + xy = a$ मानकर समीकरण को y में परिवर्तित करके $(a - y^2)^3 + 3a\ (a - y)y^2 = by^3$ प्राप्त किया। यह y^3 में द्विघात समीकरण है, जिसका हल ज्ञात किया जा सकता है।

- उन्होंने त्रिकोणमिति में कई सूत्र ज्ञात दिए और खगोलविज्ञान में उनका निष्कर्ष था कि ज्यामिती की दृष्टि से कोपरनिकस का सिद्धांत सही नहीं है।

वाइटा का जन्म 1540 में फोंतेन-ले-कॉम्ते नामक कस्बे में हुआ था। उनके पिता एक प्रसिद्ध वकील थे और उनकी माँ का संबंध फ्रांस के प्रतिष्ठित परिवारों से था। सन् 1560 में उन्होंने कानून की उपाधि प्राप्त की और वकालत शुरू की। इसी वर्ष चार्ल्स-नवम फ्रांस के सिंहासन पर बैठे। इसके बाद कुछ वर्षों तक राजनैतिक और धार्मिक अस्थिरता रही। धार्मिक संप्रदायों में परस्पर युद्ध हो रहे थे। 23 अगस्त, 1572 को चार्ल्स के आदेश से प्रारंभ हुए नृशंस हत्याकांड में कई प्रोटेस्टेंट मारे गए। गणित के सौभाग्य से प्रोटेस्टेंट होते हुए भी वाइटा बच गए।

24 अक्तूबर, 1573 को चार्ल्स ने इन्हें रेनेस में काउंसलर नियुक्त किया। सन् 1580 में वे पेरिस वापस आ गए। फ्रांस के नए सम्राट हेनरी-तृतीय ने वाइटा को पार्लियामेंट से संबद्ध करते हुए रॉयल प्रिवी काउंसलर नियुक्त किया। अपने राजनैतिक प्रतिद्वंद्वियों के षड्यंत्र के कारण वे सन् 1584 से 1589 तक बहिष्कृत रहे। एक प्रकार से उनके विरोधियों का यह गणित पर उपकार ही था क्योंकि वाइटा ने ये पाँच वर्ष आपाधापी से दूर, अपनी जन्मस्थली के निकट एकांत में पूरी तरह गणित के अध्ययन को समर्पित किए। सन् 1589 में फिर से उनकी वापसी शाही दरबार में हुई। फ्रांस में हो रहे परिवर्तनों और उनके दूरगामी राजनैतिक परिणामों के कारण फ्रांस के नए सम्राट हेनरी चतुर्थ ने रोमन कैथोलिक मत अपना लिया था। वाइटा ने भी अपने मालिक का अनुसरण किया और जीवन के अंतिम वर्ष रोमन कैथोलिक के रूप में व्यतीत किए।

13 दिसंबर, 1603 को पेरिस में उनका निधन हो गया।

फ्रांस में बीजगणित

फर्मा और उनका वृहद् परिवार

- बुधवार 23 जून, 1993 की सुबह। इंग्लैंड के कैम्ब्रिज विश्वविद्यालय की न्यूटन संस्था में आयोजित गणित की संगोष्ठी में भाग ले रहे 100 से भी अधिक विशेषज्ञों को यह अनुमान भी नहीं था कि वे अभूतपूर्व ऐतिहासिक क्षणों की उत्तेजना के साक्षी होने जा रहे हैं। प्रिंसटन विश्वविद्यालय के प्रो. एंड्रयू विल्स ने 'प्रतिरूपक संरचनाओं, दीर्घवृत्तीय वक्रों और गाल्वा प्रतिरूपणों' (Modular forms, Elliptic Curves and Galois Representations) शीर्षक से अपने व्याख्यान के अंत में जब यह घोषणा की कि उन्होंने फर्मा के अंतिम प्रमेय को हल कर दिया है, तो वहाँ उपस्थित श्रोता एकदम से हतप्रभ रह गए। मिनटों में यह समाचार सारे विश्व में फैल गया।

  लगभग 200 पृष्ठों के अपने हल में विल्स ने अनेक प्रचलित अवधारणाओं और उपपत्तियों का उपयोग करते हुए, अनेक नई विचार शृंखलाओं को जन्म दिया। फर्मा का यह प्रमेय पिछले 350 वर्षों से अजेय था और गणितज्ञों के लिए चुनौती बना हुआ था। असफल प्रयासों का लंबा इतिहास उसके साथ जुड़ा हुआ है। विल्स ने इसे सिद्ध करने के लिए ग्रुपथ्योरी, क्रिस्टलाइन सह-समाजातता, विरूपण सिद्धांतों, गोरेन्स्टाइन वलयों, और आयलर निकायों के जटिल एवं अत्यंत परिष्कृत गणितीय सिद्धांतों का उपयोग किया। उन्होंने अपने हल को परिष्कृत कर उसे लगभग दो वर्षों के उपरांत *एनल्स ऑफ मेथेमेटिक्स* नामक विश्वप्रसिद्ध शोध-पत्रिका में प्रकाशित किया।

- कहा जाता है कि अधिकांश दुस्साहसी कार्य किसी-न-किसी रूप में सुंदर और मनोरम होते हैं। एंड्रयू विल्स का यह प्रयास भी एक दुस्साहस ही कहा जाएगा– जिसने उन्हें गणित के क्षेत्र में सार्वकालिक प्रतिष्ठा का अधिकारी बनाया। वर्डसवर्थ ने फ्रांस की राज्यक्रांति के संदर्भ में लिखा था–

  उस भोर में जीवित रहना ही परमसुख था।
  किंतु युवा होना तो स्वर्ग था।

(Bliss was it in that dawn to be alive, but to be young was very heaven).

लगभग कुछ ऐसे ही शब्दों में प्रिंसटन विश्वविद्यालय के गणित विभाग के तत्कालीन अध्यक्ष डॉ. सायमन कोचेन ने अपनी प्रसन्नता व्यक्त करते हुए कहा था :

"यह बिथोवन के संगीत सुनने जैसा है।
यह ऐसा है कि हम जीवित हैं और यह हमारे
जीवनकाल में संभव हुआ है।"

- 17वीं शताब्दी के महान फ्रांसीसी गणितज्ञ *पियरे द फर्मा* (Pierre de Fermat) का जन्म 17 अगस्त, 1601 को तुलूस (Toulouse) से 58 किमी उत्तर-पश्चिम में स्थित एक कस्बे–व्यूमों-द-लोमग्ना (Beaumont-de-Lomagne) में हुआ था। उनके पिता चमड़े के व्यापारी थे और उनकी माँ एक समृद्ध परिवार से थीं। उनकी प्रारंभिक शिक्षा स्थानीय फ्रांसिस्कन मठ में हुई। उन्होंने ओरियन्स विश्वविद्यालय से 1631 में विधि के स्नातक की उपाधि ली और वकालत प्रारंभ की। इसी वर्ष उनका विवाह हुआ और लगभग इसी समय उन्होंने तुलूस की प्रांतीय संसद की सदस्यता प्राप्त की।
- वे एक शौकिया गणितज्ञ थे और काउंसलर के रूप में अपने कानूनी ज्ञान और निष्ठापूर्वक कार्य करने के लिए जाने जाते थे। अपने दायित्वों के निर्वहन में निष्पक्ष रहने के उद्देश्य से ही वे ज्यादा सामाजिक नहीं हुए। उन्होंने फुरसत का अपना समय और सारी ऊर्जा गणित के अध्ययन में लगाई। यद्यपि उनकी ख्याति एक विद्वान और भाषाविद् के रूप में भी थी, पर यह सत्य है कि यदि वे एक प्रतिभासंपन्न गणितज्ञ नहीं होते तो 12 जनवरी, 1665 को अपनी गुमनाम-सी मृत्यु के पश्चात मात्र एक ईमानदार व्यक्ति के रूप में भी शायद ही कभी याद किए जाते। यह गणित ही है जिसने उनके यश को अक्षुण्य रखा है। ई.टी. बेल ने उन्हें शौकिया गणितज्ञों का राजकुमार कहा है।

फर्मा ने अपने जीवनकाल में शायद ही कुछ प्रकाशित किया हो। उन्हें अपने शोधकार्य और निष्कर्षों को प्रकाशित करने में कोई रुचि नहीं थी। उनके गणितीय निष्कर्ष ग्रंथों और डायरियों के हाशियों पर लिखे हुए हैं अथवा अन्य गणितज्ञों को लिखे उनके पत्रों में व्यक्त हुए हैं। इसीलिए उनके निष्कर्षों की ठीक-ठीक तिथि निश्चित कर पाना संभव नहीं हुआ है और इसी कारण से कई खोजों के श्रेय के निर्धारण में भी कठिनाइयाँ आई हैं। यह सत्य है कि वैश्लेषिक ज्यामिती की

अवधारणा–दकार्ता से पहले (या लगभग उसी समय) फर्मा के मस्तिष्क में भी स्पष्ट थी–परंतु इसका सार श्रेय दकार्ता को दिया जाता है। उनके पुत्र सेम्युल ने, उनकी मृत्यु के उपरांत, उनके सारे उपलब्ध शोधकार्यों एवं निष्कर्षों को एकत्र कर The opera Mathematics के नाम से दो खंडों में प्रकाशित किया। वे एक उत्साही और ऊर्जावान व्यक्ति थे। वकालत, न्यायिक और संसदीय व्यस्तताओं के बीच भी वे गणित के लिए समय निकाल लेते थे। यूरोप के अपने समकालीन अनेक गणितज्ञों से उनका पत्र-व्यवहार था। ज्यामिती, बीजगणित, कलन और विश्लेषण जैसी गणित की अनेक विधाओं में हमें उनके प्रखर मस्तिष्क और उच्चतम गणितीय मेधा के दर्शन होते हैं। वे एक मौलिक और रचनात्मक गणितज्ञ के रूप में जाने जाते हैं। उन्हें प्रायिकता के सिद्धांत का संस्थापक भी माना जाता है। उन्होंने वक्रों की स्पर्श रेखाओं की ज्यामितीय प्रविधियों के माध्यम से कलन-चलन की अवधारणा की पृष्ठभूमि तैयार की। उन्होंने समीकरण के सिद्धांत का विकास किया। संख्या-सिद्धांत के क्षेत्र में किये गए उनके कार्यों के कारण फर्मा की गणना विश्व के अप्रतिम और प्रखर गणितज्ञों में की जाती है।

फर्मा

जितना प्रभावी है उनका गणितीय कार्य–उतना ही प्रभावी था उनका व्यक्तित्व! भरा हुआ चेहरा, चौड़ा माथा, गहरी आँखें, लंबे-लंबे बाल–कंधों तक लहराते हुए, बीच में माँग निकाली हुई! चेहरे पर कौतुहल का भाव–मानों अपने ही अंतिम प्रमेय की गुत्थी पर विचार कर रहे हों–

Fermat's hair longish
And parted in the middle
A quizzical expression
Fermat's Last Riddle.

उन्होंने संख्याओं से संबंधित अनेक निष्कर्ष प्राप्त किए थे। जैसे–

(अ) उन्होंने सिद्ध किया कि 26 एकमात्र ऐसी संख्या है–जो एक वर्ग संख्या और एक घन संख्या के बीच है–

$25 = 5^2, 27 = 3^3$

(ब) एक विषम अभाज्य संख्या को एक और केवल एक ही प्रकार से दो

वर्ग पूर्णांकों के अंतर के रूप में व्यक्त किया जा सकता है–

$7 = 16 - 9 = 4^2 - 3^2$

$11 = 36 - 25 = 6^2 - 5^2$

$13 = 49 - 36 = 7^2 - 6^2$

$17 = 9^2 - 8^2$

$19 = 10^2 - 9^2$

$23 = 12^2 - 11^2$

(स) उन्होंने डायोफेंटस के कथन :
दो पूर्णांकों के वर्गों का योग $4n - 1$ के प्रकार का नहीं हो सकता, की उपपत्ति दी

(द) उन्होंने सिद्ध किया कि, यदि a, b, c पूर्णांक हों और $a^2 + b^2 = c^2$ हो तो $a \times b$ एक वर्ग संख्या नहीं होगी।
$3^2 + 4^2 = 5^2$ यहाँ $a \times b = 3 \times 4 = 12$ जो एक वर्ग संख्या नहीं है।

बीजगणित में उनका एक महत्वपूर्ण निष्कर्ष–फर्मा के लघु प्रमेय (Fermat's little Theorem) के नाम से प्रसिद्ध है। इसका उपयोग ग्रुप थ्योरी और क्रिप्टोग्राफी (कूट प्रणाली) में किया जा रहा है। इसे इस प्रकार से व्यक्त किया जाता है।

फर्मा का लघु प्रमेय–यदि p एक अभाज्य संख्या हो और $(a, p) = 1$, a एक पूर्णांक हो, तो

$a^{p-1} \equiv 1 (\text{mod } p)$

अथवा, $a^{p-1} - 1$ को p से भाग दिया जा सकता है।

या $a^p - a$ को p से भाग दिया जा सकता है, अर्थात $a^p \equiv a (\text{mod } p)$

- बीजगणित में उनके एक अनुमान को फर्मा का अंतिम प्रमेय (Fermat's Last Theorem) कहा जाता है।

  यदि x, y, z और n पूर्णांक हों तो

  $x^n + y^n = z^n$ तभी संभव है जब $n \leq 2$ हो।

यही फर्मा का अंतिम प्रमेय है। फर्मा ने अपनी डायरी के हाशिए में लिखा– "मैंने इस प्रमेय का एक खूबसूरत प्रमाण ढूँढ़ लिया है, परंतु यह हाशिया उसके लिए बहुत छोटा है।" यह घटना संभवतया 1637 की है। फर्मा के बाद 350 वर्षों तक किसी गणितज्ञ का हाशिया इतना बड़ा नहीं हो सका। इस प्रमेय के साथ यह विशेषण 'अंतिम' कब, कैसे और क्यों जुड़ा यह ठीक-ठीक नहीं कहा जा सकता। मेरे विचार से इसे फर्मा का अंतिम प्रमेय न कहकर *फर्मा का विशिष्ट प्रमेय* कहना

अधिक उचित होगा। इतिहास प्रसिद्ध इस प्रमेय की कहानी 1453 में कुस्तुनतुनिया पर तुर्कों की विजय से प्रारंभ होती है। वहाँ से भागे हुए अनेक विद्वान अपने साथ पुराने और दुर्लभ ग्रंथों की पांडुलिपियाँ भी ले आए थे। इन्हीं पांडुलिपियों में एक थी यूनानी गणितज्ञ डायोफेंटस के ग्रंथ 'अरिथमेटिका' के अवशेषों की प्रति। 1621 में इस ग्रंथ का लैटिन अनुवाद क्लॉड बाचे ने प्रकाशित किया। फर्मा के प्रमेय की कहानी इसी ग्रंथ के एक पृष्ठ के हाशिए से शुरू होती है। डायोफेंटस के ग्रंथ का अध्ययन करते समय, फर्मा उसके पृष्ठों पर अपनी टिप्पणियाँ लिख देते थे। उनकी मृत्यु के पाँच वर्ष उपरांत उनके पुत्र सेम्युल ने जब अपने पिता के पत्रों, लेखों और टिप्पणियों को प्रकाशन हेतु संग्रहीत किया, तब उन्हें 'अरिथमेटिका' के एक पृष्ठ पर वो मशहूर टिप्पणी दिखाई दी जिसे फर्मा के अंतिम प्रमेय के नाम से जाना जाता है। उस पृष्ठ पर पाइथेगोरस के प्रमेय पर आधारित एक प्रश्न दिया हुआ था। फर्मा ने इसी पृष्ठ के पास हाशिए में लिखा–

> किसी भी घन को दो घनों के योग के रूप में या किसी संख्या के चतुर्थ घात को दो संख्याओं के चतुर्थ घात के योग के रूप में लिखना संभव नहीं है। व्यापक रूप से दो से अधिक घातांक वाली किसी भी संख्या को, उसी घातांक की दो संख्याओं के योग के रूप में व्यक्त नहीं किया जा सकता। मैंने इस प्रमेय का एक अद्‌भुत प्रमाण खोज लिया है, जिसे लिखने के लिए यह हाशिया बहुत छोटा है।

फर्मा को इस प्रमेय का कोई प्रमाण ज्ञात था या नहीं, यह कहना संभव नहीं है। अधिकांश गणितज्ञों का मानना है कि फर्मा ने 3 और 4 के घातांकों के आधार पर व्यापक अनुमान करते हुए यह टिप्पणी लिख दी थी। यथार्थ में उनके पास इसका कोई प्रमाण था ही नहीं। इस प्रमेय को हल करने के प्रयासों में गणित की अनेक नई शाखाएँ विकसित हुई हैं। इसकी उपपत्ति के लिए गणितज्ञों को अत्यंत कठिन एवं स्तरीय संकल्पनाओं और संरचनाओं का आधार लेना पड़ता है। फलस्वरूप इसे हल करने की प्रविधियों को सरल भाषा में प्रस्तुत करना भी संभव नहीं है। सरल से दिखनेवाले अपने इस प्रमेय की जटिल व्यापकता और दुरूह विस्तार को देखकर स्वयं फर्मा भी आश्चर्यचकित हो रहे होंगे।

आयलर ने 3 और 4 के घातांकों के लिए प्रमेय की सत्यता को स्थापित किया। पीटर गुस्ताव ड्रिख्ले और लिजान्द्र ने 1825 में इसे 5 की घातांक के लिए सही सिद्ध किया। ड्रिख्ले बाद में इसे 14 की घातांक के लिए प्रमाणित करने में सफल हुए। 1839 में लामे ने 7 के लिए इसे सिद्ध किया। लामे को ही यह श्रेय जाता है कि उन्होंने पहली बार इस प्रमेय का संपूर्ण हल प्रस्तुत करने का प्रयास किया। 1847 में उन्होंने पेरिस अकादमी के सम्मुख वृत्तभाजनिक पूर्णांकों और

सम्मिश्र संख्याओं के आधार पर अपना हल प्रस्तुत किया–परंतु वह सही नहीं था। महान गणितज्ञ कार्ल फ्रेडरिक गौस के विचार में फर्मा के अधिकांश निष्कर्ष कुछ विशेष स्थितियों के व्यापकीकरण पर आधारित थे। 1816 में उन्होंने लिखा था– "मैं यह स्वीकार करता हूँ कि फर्मा के प्रमेय जैसे एकाकी साध्य में मेरी कोई दिलचस्पी नहीं है। मैं स्वयं ऐसे अनेक साध्य लिख सकता हूँ, जिन्हें न तो सिद्ध किया जा सकता है और न ही गलत साबित किया जा सकता है।"

धीरे-धीरे फर्मा का प्रमेय चुनौती बनता जा रहा था। इसे हल करने के सभी असफल प्रयासों ने इसे और भी अधिक महत्वपूर्ण बना दिया। 1816 और फिर 1850 में पेरिस विज्ञान अकादमी ने इस प्रमेय को सिद्ध करने वाले को एक स्वर्ण पदक और 3000 फ्राँक का पुरस्कार देने की घोषणा की। एन्सर्ट कुम्मेर नामक जर्मन गणितज्ञ ने अनेक वर्षों तक इस प्रमेय पर कार्य किया और वृत्तभाजनिक क्षेत्रों, वलय सिद्धांत, गुणजावलियों और नियमित अविभाज्य संख्याओं की अवधारणाओं को व्यवस्थित रूप देकर महत्वपूर्ण निष्कर्ष प्राप्त किए। उनके अनुसंधान कार्यों में व्यापकता और समग्रता थी। यद्यपि वे फर्मा के प्रमेय को पूरी तरह हल करने में सफल नहीं हुए किंतु उनके कार्यों की मौलिकता और महत्व को स्वीकार करते हुए, पेरिस अकादमी ने 1856 में अपना पुरस्कार कुम्मेर को देने की घोषणा की। कुम्मेर यह सिद्ध करने में सफल हुए कि यह प्रमेय 100 से छोटी सभी अविभाज्य संख्याओं के घातांकों के लिए सही है। उन्होंने यह भी दर्शाया कि यह प्रमेय विषम और नियमित अविभाज्य संख्याओं के लिए भी सत्य है। कुम्मेर की विधियों पर कार्य करते हुए गणितज्ञों ने इस प्रमेय को 1,25,000 से छोटी सभी अविभाज्य संख्याओं तथा 25, 37, 47, 889 से छोटी विषम अविभाज्य संख्याओं के लिए सत्य प्रमाणित किया है।

फर्मा के प्रमेय संबंधी विगत शताब्दी की गणितीय गतिविधियों को उनकी केंद्रीय प्रवृत्ति के आधार पर दो भागों में बाँटा जा सकता है। पहले समूह में जर्मन गणितज्ञ– गर्ड फाल्टिंग्स जैसे विशेषज्ञ हैं–जिन्होंने मॉर्डेल के अनुमान की सत्यता स्थापित कर इस प्रमेय को हल करने के प्रयास किए हैं। फाल्टिंग्स को 1986 में फील्डस पदक प्राप्त हुआ। गणित में यह पदक नोबेल पुरस्कार के समकक्ष माना जाता है। अत्यंत सरल और अतकनीकी शब्दों में यह कहा जा सकता है कि फाल्टिंग्स ने व्यापक रूप से फर्मा समीकरणों पर कार्य करते हुए उनके सीमित हलों की संभावना प्रतिपादित की। दूसरे समूह में वे लोग आते हैं जो तनीयामा के अनुमान और फर्मा के प्रमेय के संबंधों पर आधारित संरचनाओं पर कार्य कर रहे थे। तनीयामा ने दीर्घवृत्तीय वक्रों पर कार्य करते हुए परिमेय संख्याओं पर अर्धस्थायी वक्रों के प्रतिरूपक होने का अनुमान किया था। इसे

समझना सरल नहीं है। डॉ. गेरहार्ड फ्रे और कीनेथ रॉबर्ट नामक गणितज्ञों ने अपने युगांतकारी कार्यों से फर्मा के प्रमेय को तनीयामा के अनुमान की झोली में डाल दिया। उन्होंने यह सिद्ध किया कि तनीयामा के अनुमान के एक महत्वपूर्ण भाग को सिद्ध करना ही फर्मा के प्रमेय का पर्याय है। इन परिणामों ने एंड्रयू विल्स को नया उत्साह दिया। जब वे हार्वर्ड विश्वविद्यालय के प्रो. मजूर का शोध-पत्र पढ़ रहे थे तभी उन्हें यह स्पष्ट हो गया था कि फर्मा के प्रमेय का हल अब उनकी पहुँच से दूर नहीं है। और फिर कुछ ही वर्षों में उन्होंने उसे हल कर लिया।

तीन सदी तक हल न हुआ जो
बना रहा दुष्कर, अजेय।
सिद्ध कर दिया वही विल्स ने
फर्मा का अंतिम प्रमेय ॥

इसमें कोई संदेह नहीं कि फर्मा 17वीं शताब्दी के श्रेष्ठतम गणितज्ञ थे। उनके कार्यों ने आने वाले गणितज्ञों की कई पीढ़ियों को न केवल प्रकाश दिखलाया, प्रोत्साहित किया, उनका मार्ग प्रशस्त किया अपितु उन्हें व्यस्त भी रखा।

27 जून, 1997 को गॉटिंग्न में अकादमी ऑफ साइंस ने जब एंड्रयू विल्स को फर्मा के अंतिम प्रमेय के हल के लिए वोल्फ्स्केल पुरस्कार से सम्मानित करते हुए 75,000 डी.एम. की राशि उन्हें प्रदान की तो यह एक ऐतिहासिक क्षण था और एक लंबी किंतु रोमांचक गणितीय यात्रा का अंत भी था। फर्मा के अंतिम प्रमेय की विश्व-विश्रुत ख्याति में इस पुरस्कार का भी महत्वपूर्ण योगदान है। 1905 में जर्मन गणितज्ञ पाउल वोल्फ्स्केल ने फर्मा के अंतिम प्रमेय को गलत या सही सिद्ध करने वाले को 1,00,000 जर्मन मार्क का पुरस्कार दिए जाने की वसीयत की।

पाल फ्रेडरिक वाल्फ्स्केल का जन्म एक धनाढ्य यहूदी परिवार में 30 जून, 1856 को हुआ था। उनके पिता जोजेफ कार्ल थियोडर वाल्फ्स्केल (1814-1863) एक बैंकर थे और उनकी माँ जोहाना भी स्टुटगार्ट के एक बैंकर की पुत्री थीं। पॉल ने लिंजिग, टुबिन्गान और हेडलबर्ग के विश्वविद्यालयों में चिकित्साशास्त्र का अध्ययन किया। 1880 के आसपास उन्होंने स्किलअॅराइसिस (Sclerosis) के लक्षणों को अनुभव किया और उन्हें लगा कि अब उनके लिए एक डॉक्टर के रूप में कार्य करना संभव नहीं होगा। इस शारीरिक अक्षमता के कारण उन्होंने अपना ध्यान गणित के अध्ययन में लगाया। उन्होंने बॉन और बर्लिन विश्वविद्यालय में गणित की शिक्षा प्राप्त की। बर्लिन में उन्हें सुप्रसिद्ध गणितज्ञ एन्सर्ट एडुअर्ड कुम्मेर (Ernst Eduard Kummer, 1810-1893) के व्याख्यान सुनने का असवर मिला। फलस्वरूप उनकी रुचि संख्या शास्त्र में हुई और यहीं उनका परिचय फर्मा के अंतिम प्रमेय से हुआ।

पॉल ने बर्लिन के तकनीकी संस्थान में संख्या शास्त्र पर व्याख्यान दिए और कई शोध-पत्र प्रकाशित किए। उनके एक शोध-पत्र को हिलबर्ट ने उद्धृत किया था।

परिवार के आग्रह पर और अपनी देखभाल के लिए उन्होंने 12 अक्तूबर, 1903 को सुसान फ्रोलिच नामक महिला से विवाह किया। दुर्भाग्य से सुसान एक कर्कशा पत्नी साबित हुई और उसने पॉल के जीवन के अंतिम वर्षों को नरक बना दिया। पॉल वाल्फ्स्केल की मृत्यु 13 सितंबर, 1906 को हुई। गणितज्ञों द्वारा इस प्रमेय को हल करने के प्रयासों के पीछे धन का उतना आकर्षण नहीं था। जिज्ञासु प्रवृत्ति और इस प्रमेय के साथ जुड़ी सार्वकालिक प्रतिष्ठा–उन्हें इसके लिए प्रेरित करती रही। पर यह भी उतना ही सत्य है कि इस पुरस्कार ने असंख्य व्यक्तियों को इसका हल ढूँढ़ निकालने के लिए उत्साहित किया और वे सब बरसों तक फर्मा के अंतिम प्रमेय पर कार्य करते रहे–यद्यपि भाग्यदेवी उन पर प्रसन्न नहीं थीं।

फर्मा के अंतिम प्रमेय को हल करने का श्रेय एंड्रयू विल्स को है।

एंड्रयू विल्स का जन्म 11 अप्रैल, 1953 को कैम्ब्रिज (इंग्लैंड) में हुआ था। उनके पिता धर्म विज्ञान के प्राध्यापक थे। 1974 में विल्स ने कैम्ब्रिज के क्लेर कॉलेज से गणित की उपाधि प्राप्त की और दीर्घवृत्तीय वक्रों संबंधित गणितीय विधा में विशेषज्ञता अर्जित की। 1982 से वे न्यू जर्सी के प्रिंसटन विश्वविद्यालय में प्राध्यापक हैं। 1989 में वे रॉयल सोसाइटी के सदस्य चुने गए।

फर्मा के प्रमेय ने एंड्रयू विल्स को 10 वर्ष की आयु में आकर्षित किया था। तब से लगभग 30 वर्षों से भी अधिक समय तक वे सतत परिश्रम और धैर्य के साथ लगनपूर्वक इसे हल करने के प्रयासों पर कार्य करते रहे–चुपचाप, बिना किसी चर्चा या प्रचार के। परी कथाओं की राजकुमारी की तरह फर्मा का प्रमेय उनके लिए एक स्वप्न था–जिसका वे लगातार पीछा करते रहे और अंत में उन्होंने उसे पा ही लिया।

फर्मा के प्रमेय के अपने हल के लिए एंड्रयू विल्स को अंतरराष्ट्रीय स्तर पर अनेक प्रतिष्ठित सम्मानों और पुरस्कारों से अलंकृत किया गया है। चूँकि वे 40 वर्ष से अधिक के हो चुके थे–इसलिए उन्हें गणित का फील्ड्सपदक नहीं दिया जा सका। अंतरराष्ट्रीय गणित संगठन (International Mathematical Union) ने विल्स को उनके कार्यों के लिए विशेष रूप से सम्मानित किया। रियाद (सऊदी अरेबिया) में 6 जनवरी, 1998 को आयोजित एक विशेष समारोह में उन्हें विज्ञान के

एंड्रयू विल्स

किंग फेजल अंतरराष्ट्रीय पुरस्कार के रूप में एक स्वर्ण पदक और 2,00,000 डालर प्रदान किये गए। यह पुरस्कार किंग फेजल प्रतिष्ठान द्वारा दिया जाता है।

विल्स को प्राप्त अन्य उल्लेखनीय पुरस्कार इस प्रकार हैं–

1995 - रॉयल स्वीडिश अकादमी का शॉक पुरस्कार
- प्रिक्स फर्मा पुरस्कार

1996 - गणित का वोल्फ पुरस्कार
- राष्ट्रीय विज्ञान अकादमी का पुरस्कार

1997 - फ्रेंक नेल्सन कोल पुरस्कार

- पर कहानी यहीं खत्म नहीं हो जाती! फर्मा की विरासत के रूप में–बील का अनुमान आज भी गणितज्ञों के लिए चुनौती है और अपने हल के लिए प्रतीक्षा कर रहा है।

एंड्रयू बील (Andrew Beall)–(11 नवंबर, 1952)–डलास (अमेरिका) के एक प्रसिद्ध बैंकर हैं। उनकी संस्था 'बील एयरोस्पेस' उपग्रहों को अंतरिक्ष में भेजने के लिए नई पीढ़ी के रॉकेटों की संरचना और निर्माण के लिए जानी जाती है। फर्मा की भाँति बील भी एक शौकिया गणितज्ञ हैं। वे वर्षों से फर्मा के कार्यों का अध्ययन कर रहे हैं और उनका मानना है कि फर्मा को अपने 'अंतिम' प्रमेय का सरल और अज्यामितीय हल ज्ञात था। उनका यह भी विश्वास है कि एक-न-एक दिन वे फर्मा के उस हल को ढूँढ़ निकालेंगे।

बील का अनुमान–माना कि A, B, C, x, y, z धनात्मक पूर्णांक हैं और $x, y, z > 2$ हैं। यदि

$$A^x + B^y = C^z$$

हो तो A, B और C का एक अभयनिष्ठ गुणनखंड होगा। इसे निम्न प्रकार से भी व्यक्त किया जा सकता है–

समीकरण– $A^x + B^y = C^z$

का धनात्मक पूर्णांकों A, B, C, x, y, z में कोई हल नहीं है।

यहाँ $x, y, z > 3$ तथा A, B, C सह-रूढ़ हैं।

एंड्रयू बील ने अपने इस अनुमान के हल के लिए प्रारंभिक रूप से पाँच हजार डॉलर का पुरस्कार घोषित किया था। यह राशि बढ़ते-बढ़ते अब पचास हजार डॉलर तक पहुँच चुकी है–और अभी तक इसे कोई प्राप्त नहीं कर पाया है। गणित में रुचि रखनेवाले अध्येताओं को फर्मा और उनकी परंपराएँ किसी-न-किसी रूप में आकर्षित करती ही रहेंगी।

फ्रांस में बीजगणित–रेने दकार्ता

दकार्ता

यद्यपि दकार्ता ने प्रत्यक्षतया और मूल रूप से बीजगणित में कोई बहुत अधिक कार्य नहीं किया, पर उन्होंने ज्यामितीय वक्रों को बीजगणितीय इबारत देकर एक नई विधा ''वैश्लेषिक ज्यामिती'' की शुरुआत की–जिसने न केवल ज्यामिती और बीजगणित अपितु गणितीय विश्लेषण और चलन-कलन जैसी गणित की अनेक शाखाओं के विकास में महत्वपूर्ण योगदान देकर, उन्हें समृद्ध किया। जॉन स्टुअर्ट मिल के शब्दों में, 'यह विज्ञान की प्रगति की दिशा में उठाया गया एक महत्वपूर्ण कदम था।' रेने दकार्ता की पुस्तक *ला ज्यामित्री* (Le Geometric) का गणित के इतिहास में आज भी ऐतिहासिक महत्व है।

एक दार्शनिक और गणितज्ञ के रूप में दकार्ता के कार्यों में सृजन की प्रफुल्लता और मौलिकता है। अरस्तू के बाद पहली बार किसी ने दर्शनशास्त्र की नई इमारत खड़ी करने का प्रयास किया था। दकार्ता के पहले के तमाम दार्शनिक एक शिक्षक, व्याख्याकार और भाष्यकार बन कर रह गए थे। उनमें मौलिक चिंतन का अभाव था। दकार्ता अपने द्वारा प्राप्त सत्य को संप्रेषित करने के लिए प्रतिबद्ध एक अन्वेषक और शोधक की भाँति लिखते हैं। इसलिए बर्ट्रेंड रसेल ने उनके बारे में लिखा है :

दकार्ता एक दार्शनिक, गणितज्ञ और विज्ञान-पुरुष थे। दर्शनशास्त्र और गणित में उनका कार्य श्रेष्ठतम महत्व का है।

1596 का वर्ष। नेपियर लघुगुणकों की खोज की अपनी लंबी यात्रा की शुरुआत करते हैं। इसी वर्ष, 31 मार्च को फ्रांस के दक्षिणी इलाके में तूरीन के ल'हाय स्थान पर एक बालक जन्म लेता है। भद्र, सुसंस्कृत और संपन्न परिवार में जन्मे इस बालक का नाम था रेने दकार्ता। यह प्रखरतम प्रतिभाओं की शताब्दी थी। मिल्टन, न्यूटन और जॉन लॉक का जन्म अभी होने को था। फर्मा और

पास्कल, दकार्ता के समकालीन थे और 1620 में जब दकार्ता डेन्यूब नदी के किनारे युद्ध में व्यस्त थे तब इंग्लैंड में ब्रिग्स लघुगुणकों की सारिणी तैयार कर रहे थे। दकार्ता जब 21 वर्ष के तरुण थे जब शेक्सपियर की मृत्यु हुई। समकालीनता के कई दशकों के साथ गेलीलियो की मृत्यु के 8 वर्ष बाद दकार्ता का निधन हुआ। विलियम हार्वे (रुधिर परिसंचार प्रणाली के जनक; 1578-1657) और फ्रांसिस बेकन (1561-1626) दकार्ता के वरिष्ठ समकालीन थे। बेकन ने विज्ञान में एक नई, बुद्धिवादी संस्कृति की पृष्ठभूमि तैयार कर उसे एक दार्शनिक स्पर्श दिया। दकार्ता जब 4 वर्ष के थे तब धार्मिक मठाधीशों के प्रबल दुराग्रह के कारण ब्रूनो (1547-1600) को जिंदा जला दिया गया था और 37 वर्ष के दकार्ता ने गेलीलियो के पश्चाताप की सजा और माफी माँगने की विवशता को निश्चित ही अनुभव किया होगा। वैज्ञानिक विचारधारा पर अभी भी धार्मिक कट्टरता हावी थी। बेकन ने घोषणा की थी–I will liberate my fellow from false thinking.

इस पर मुक्ति के लिए विज्ञान को अभी कुछ और वर्षों तक प्रतीक्षा करनी थी।

दकार्ता के पिता जोसिम दकार्ता वकील और न्यायाधीश थे। दकार्ता की माँ का निधन उनको जन्म देने के कुछ माह के उपरांत हो गया था। दकार्ता का लालन-पालन उनकी दादी ने किया था। दकार्ता के माता-पिता, वसीयत में उनके लिए पर्याप्त संपत्ति छोड़ गए थे। फलस्वरूप दकार्ता जीवन भर आर्थिक रूप से निश्चिंत थे। आइए, विस्तार से उनके जीवन की चर्चा करें–

1604-1612 - लॉफ्लेशे के जेस्यूट कॉलेज में शिक्षा प्राप्त की। यहाँ गणित, दर्शनशास्त्र के साथ पढ़ाया जाता था। यहाँ के अपने अनुभवों के बारे में दकार्ता ने लिखा था :

I felt a great esteem for eloquence and I love poetry deeply, but I thought both of them were natural gifts rather than fruit of study... I particularly enjoyed mathematics because the arguments were clear and convincing. (वाग्मिता के प्रति मेरे मन में सम्मान और कविता से मुझे गहरा लगाव था। लेकिन, ये दोनों मेरे विचार से अध्ययन के फल की बजाय प्राकृतिक देन थे। मैंने गणित में विशेषरूप से आनंद पाया क्योंकि यहाँ तर्क सुस्पष्ट और युक्तियुक्त थे।)

यहाँ सुबह का उनका अधिकांश समय देर तक लेटे-लेटे विचार करते हुए, चिंतन में व्यतीत होता था। बाद में यह उनकी आदत में शुमार हो गया। उनके स्वयं के शब्दों में :

"सुबह के शांत वातावरण में व्यतीत किया गया समय दर्शन और गणित के सृजन में बड़ा सहायक सिद्ध हुआ।"

1612 - उच्च शिक्षा के लिए पेरिस गए। शीघ्र ही वे यहाँ के सामाजिक जीवन से ऊब कर एकांत स्थान पर चले गए, जहाँ उन्होंने ज्यामिती पर मनन किया।

1615 - प्वातियर्स विश्वविद्यालय से धार्मिक और नागरिक कानून में उपाधि प्राप्त की।

1617 - डच सेना में नाम लिखवाया। यहाँ वे सैन्य उपकरणों एवं यंत्रों की संरचना की सेना की तकनीकी शाखा से संबद्ध थे। यहाँ दो वर्ष उन्होंने शांतिपूर्वक दर्शन और गणित की समस्याओं पर विचार करते हुए बिताए।

1619 - तीस वर्षीय युद्ध के प्रारंभ होते ही बवेरिया की सेना में भर्ती हुए। यहाँ भयंकर ठंड में, खंदकों में स्टोव के साथ विचारमग्न अवस्था में अपनी दार्शनिक अवधारणाओं को विस्तार दिया। यहीं खंदकों में 10 नवंबर, 1619 को वैश्लेषिक ज्यामिती की प्रसूति हुई। स्वप्न में देखी गई इस पद्धति को व्यवस्थित रूप देने और उसे प्रकाशित करने में उन्हें 18 वर्ष का समय लगा। 1637 में उनका ग्रंथ Discourses on Methods प्रकाशित हुआ। *ल'ज्यामित्री* इसी ग्रंथ का एक परिशिष्ट भाग है। इस अवधि में वे गणितज्ञ आइजक बीकमन के संपर्क में थे। बीकमन ने भौतिकी और गणित के कई प्रश्नों के माध्यम से दकार्ता के उत्साह को जीवित रखा।

1621 - सेना से मुक्ति। लगभग चार वर्षों तक जर्मनी, डेनमार्क, इटली, स्विटजरलैंड की यात्राएँ।

1625-28 - ये वर्ष पेरिस में व्यतीत हुए। वे ला-फ्लेशे के अपने मित्र फादर मेरिन मर्सीन (1588-1648) के संपर्क में रहे। मर्सीन के माध्यम से उनके कार्यों की जानकारी फ्रांस के श्रेष्ठतम विद्वानों तक पहुँचती थी। 1628 में उन्होंने हॉलैंड में बसने का निर्णय लिया।

1629-49 - हॉलैंड में। इस समय तक दकार्ता को गेलीलियो की भर्त्सना की भनक लग गई थी। संभवतया ऐसी ही किसी निंदात्मक कार्यवाही से सुरक्षित रहने की आकांक्षा और कार्य करते हुए शांति और सुकून की अनिवार्य तलाश उन्हें हॉलैंड ले आई।

1633 में उन्होंने अपनी कृति Le Monde को पूरा किया। इसमें ब्रह्मांड के कोपरनिकसीय प्रारूप की आधार भूमि थी। इसलिए उन्होंने इसके प्रकाशन को रोक लिया। यद्यपि आज यह उपलब्ध नहीं है, पर इसके कुछ अवशेष उनके दूसरे महत्वपूर्ण ग्रंथ 'Discourses on Methods' में संकिलत हैं। हॉलैंड का बौद्धिक पर्यावरण उदार और सुरक्षित था। हॉब्स (1588-1679) ने अपने ग्रंथ यहीं प्रकाशित किए थे। यहीं लॉक ने इंग्लैंड में अपने विरुद्ध हो रही निकृष्टतम प्रतिक्रियाओं से घबराकर 5 वर्षों के लिए शरण ली थी। स्पिनोजा (1632-77) को भी शायद ही किसी दूसरे मुल्क में काम करने की छूट मिलती। पर दकार्ता इतने भाग्यशाली नहीं थे। वे रोमन केथोलिक थे और हॉलैंड में बढ़ते हुए प्रोटेस्टेंट प्रभाव के हमलों के शिकार यदा-कदा होते रहे। लीडन विश्वविद्यालय में एक समय उनका नाम लेना और उनके विचारों का उल्लेख तक वर्जित था। वे अविवाहित थे, पर 1635 में उनकी नौकरानी हेलन ने फ्रांसीन नामक कन्या को जन्म दिया। वपितस्मा अभिलेख में इस कन्या के पिता का नाम दकार्ता दर्शाया गया है। दकार्ता अपनी इस पुत्री को बहुत चाहते थे। 1640 में उसकी असामयिक मृत्यु से उन्हें गहरा दुख हुआ। लगभग इसी वर्ष उनके पिता की भी मृत्यु हुई, जिसका समाचार उन्हें फादर मर्सीन से मिला।

1649-50 - दकार्ता के जीवन के अंतिम वर्ष की यात्रा बर्ट्रेंड रसेल के शब्दों में : "Unfortunately through Chanut, the French ambassador at Stockholm, Descartes got into correspondence with queen Christina of Sweden, a passionate and learned lady who thought as a sovereign she had a right to waste the time of great men. He sent her a treatise on love, a subject which until then he had somewhat neglected. He also sent her a work on passions of the soul which he had originally composed for the Princess Elizabeth, daughter of the Eleetor palatine. These writings led her to request his presence at her court, he at last agreed and she sent a warship to fetch him

(September 1649). It turned out that she wanted daily lessons from him, but could not spare the time except at five in the morning. This unaccustomed early rising, in the cold Scandinavian winter, was not the best thing for a delicate man. Moreover Chanut became dangerously ill and Descartes looked after him. The ambassador recovered but Descartes fell ill and died in February 1650."

क्रिस्टीना का जन्म 8 दिसंबर, 1626 को स्टॉकहोम में हुआ था। वे स्वीडन के राजा गुस्ताव द्वितीय एडोल्फ की पुत्री थीं। उनका लालन-पालन एक राजकुमार की तरह हुआ था। धर्मशास्त्र और दर्शन के साथ उन्होंने घुड़सवारी और तलवारबाजी की भी शिक्षा प्राप्त की थी। उन्हें ग्रीक, लैटिन, इटेलियन और फ्रेंच भाषाओं का अच्छा ज्ञान था। वे पुरुषोचित कद-काठी और गुणों से युक्त एक जिज्ञासु महिला थीं। 1632 में अपने पिता की मृत्यु के बाद वे स्वीडन की महारानी बनीं। 1652 में उन्होंने राजगद्दी का परित्याग कर दिया। उनके जीवन के अंतिम वर्ष फ्रांस और रोम में बीते। 9 अप्रैल, 1689 को रोम में उनकी मृत्यु हुई। उन्होंने अपने राज-दरबार में अनेक विद्वानों, कलाकारों और विशेषज्ञों को आमंत्रित किया था। इसी कारण स्वीडन को 'उत्तर का एथेंस' कहा जाने लगा था। अपने स्वतंत्र विचारों के कारण वे विवादास्पद भी रहीं। यद्यपि वे अविवाहित थीं, पर यदा-कदा उन पर समलैंगिक होने के आरोप लगते रहे। 1933 में उनके जीवन पर बनी फिल्म में मशहूर अभिनेत्री ग्रेटा गार्बो ने मुख्य भूमिका निभाई थी।

क्रिस्टीना

क्रिस्टीना दकार्ता के विचारों से प्रभावित थीं और उनसे कुछ सीखना चाहती थीं। दकार्ता वहाँ 4 अक्तूबर, 1649 को पहुँचे। यह एक दुखद अंत की शुरुआत थी।

राज-दरबार का जीवन, अपेक्षाएँ और साम्राज्ञी की व्यस्तता के कारण असुविधाजनक दिनचर्या–सब दकार्ता के लिए बोझ बन गए थे। उन्हें सुबह 5 बजे लाइब्रेरी में उपस्थित होना पड़ता था, जबकि उन्हें देर तक सोने की आदत थी। मलिका के लिए उन्हें संगीत-नाटिकाएँ भी लिखनी पड़ीं। दकार्ता ने लिखा :

मुझे ऐसा लगता है कि यहाँ ठंड में पानी की तरह मनुष्य के विचार तक जम जाते हैं। अपने एकांत में वापस लौटने का मेरा निश्चय प्रतिदिन तीव्र से

तीव्रतर होता जा रहा है। यहाँ मैं अपनी स्वाभाविक अवस्था में नहीं हूँ। मैं केवल निर्जन एकांत और शांति चाहता हूँ।

ये शब्द लिखने के कुछ दिन बाद ही 11 फरवरी, 1650 को दकार्ता की मृत्यु हो गई। एक सर्वश्रेष्ठ वैज्ञानिक मस्तिष्क, दार्शनिक और गणितज्ञ, एक रानी की सनक का शिकार हो गया। शांति और विश्राम चाहने वाला गणितज्ञ चिर-निद्रा में सो गया।

दकार्ता की मृत्यु पर तरुण हाइगंस (Christian Hygens-Dutch Physicist) ने फ्रेंच में एक कविता लिखी थी, जिसका अँग्रेजी अनुवाद कुछ इस प्रकार है :

Under the frozen climate of there unhappy lands
where late autumn follows winter
You see the place which hides the ruins
of a famous building once inhabited by Reason.

Harsh chance and crued Fates have brought
Descartes here, and the universe mourns him
What was once interpreter of his soul now provides
Matter for tears and food for worms.

That soul, always so rich in wisdom,
showed spirits what was hidden from eyes,
and now having explained the working of the world
turns from henceforth.
To scan the mystery of the heaven.

Nature, put on mourning, come be the first to weep
Great Descartes, and show your despair
when his day ended you lost your light, for
only this torch enabled us to see you.

बर्ट्रेंड रसेल ने उनके बारे में लिखा है :

वे हमेशा अच्छे परिधानों में रहते थे और तलवार साथ रखते थे। वे बहुत परिश्रमी नहीं थे और केवल कुछ ही घंटे काम करते थे और कम पढ़ते थे। जब वे हॉलैंड गए तब अपने साथ कुछ ही पुस्तकें ले गए थे, जिनमें बाइबिल और थामस एकविन्स की रचनाएँ थीं। उनका कार्य संक्षिप्त अवधि में गहरी एकाग्रता के साथ किया गया प्रतीत होता है।

मृत्यु के लगभग 17 वर्षों के बाद दकार्ता के अवशेष फ्रांस लाए जा सके।

बिना किसी औपचारिक कार्यक्रम के इन्हें चुपचाप दफना दिया गया। जेकाबी ने सटीक टिप्पणी करते हुए कहा था :

महान पुरुषों से उनके जीवन काल में ही संपन्न होने की बनिस्बत उनके भस्मावशेषों को प्राप्त कर लेना ज्यादा सुविधाजनक होता है।

मृत्यु के कुछ समय पश्चात ही, दकार्ता की रचनाएँ चर्च द्वारा प्रतिबंधित कर दी गईं।

1637 में दकार्ता की महत्वपूर्ण कृति–Discourses on Method प्रकाशित हुई थी। इसके तीन भाग हैं। प्रथम भाग प्रकाश विज्ञान पर है, दूसरे भाग में मौसम विज्ञान की चर्चा है और तीसरा भाग ज्यामिती पर है जो Le Geometrie के नाम से प्रसिद्ध है। Method के शीर्षक की चर्चा करते हुए, दकार्ता ने लिखा था :

I do not call it Treatise on Method but Descourse on Method, meaning something like Preface or Description of the Method, to show you that I have no design to teach but to discuss it.

प्रकाशकों ने खूब धन कमाया। लेखक ने कोई रॉयल्टी की माँग नहीं की। दकार्ता ने केवल पुस्तक की 200 प्रतियाँ अपने लिए प्राप्त कीं। गुस्ताव कोहेन की टिप्पणी है :

This was the price paid for one of the purest master pieces ever to be produced by the human spirit.

यह ग्रंथ इसलिए भी महत्वपूर्ण था–क्योंकि यह फ्रेंच भाषा में लिखा गया था। दकार्ता ने स्पष्ट किया–

And if I write in French the language of my country, rather than in Latin, the language of my turors, I do so in hope that those who use their natural reason are better equipped to judge my ideas than those who only believe in venerable books and the only people I wish to have as my judges are those who have commonsense as well as learning, who I am sure will not prefer Latin so much as to refuse to follow my reasoning merely because I explain myself in the vernacular.

विज्ञान को जन-साधारण की भाषा में लिखने की सोच की यह शुरुआत थी। गरीबों, श्रम करने वालों और किसानों तक नई वैचारिक क्रांति की उत्तेजना पहुँचाने के उद्देश्य से गेलीलियो ने भी कुलीनों की भाषा लैटिन छोड़कर विज्ञान की किताबें जन-सामान्य की भाषा में लिखने का विचार किया था। बर्ट्रोल्ड ब्रेख़्त

ने अपने नाटक में गेलीलियो से कहलवाया है–"जो लोग डबलरोटी को सिर्फ मेज पर देखते हैं और यह नहीं जानना चाहते कि वह किस तरह बनाई जाती है, वे डबलरोटी बनाने वाले बेकर से ज्यादा ईश्वर को धन्यवाद देते हैं।"

यद्यपि La Geometrie एक ऐतिहासिक महत्व की पुस्तक है–पर यह अत्यंत जटिल है। इसे समझना आसान नहीं। दकार्ता की शैली ने इसे और दुरूह बना दिया है। यह कारण है कि दकार्ता के मित्रों और विद्यार्थियों ने इस पर अनेक टीकाएँ और व्याख्याएँ लिखीं–जिनमें कई उदाहरण और सरल प्रश्नों के हल दिए गए थे। इन टीकाओं में 1657 में प्रकाशित फ्रेंज वानशूटेन की व्याख्या अत्यंत प्रसिद्ध हुई और अनेक अध्येताओं ने इसकी सहायता से दकार्ता की ज्यामिती को समझा।

1639 में दकार्ता ने Meditation नाम से अपनी रचना लिखना प्रारंभ किया। आज यह दकार्ता की सबसे लोकप्रिय और प्रसिद्ध पुस्तक मानी जाती है। इसमें ज्ञान की संभावनाओं पर विस्तार से चर्चा की गई है। इसी पुस्तक में विज्ञान की आधारशिला के रूप में एक व्यवस्था कार्तीय-निकाय (Cartesian System) भी प्रस्तावित की गई है।

1644 में उनकी पुस्तक Principles of Philosophy प्रकाशित हुई। इस पुस्तक का विज्ञान के विकास पर व्यापक प्रभाव पड़ा। कार्तीय-निकाय पर केंद्रित उनकी इस प्रौढ़ कृति ने राबर्ट बॉयल (1627-1691), एडमंड हेली (1656-1742) और आइजक न्यूटन (1642-1727) जैसे वैज्ञानिकों को प्रभावित किया था।

दकार्ता की गणितीय उपलब्धियाँ

ला'ज्यामित्री में बीजीय वक्रों (algebraic curves) की आद्य-परिभाषा देते हुए दकार्ता ने लिखा था :

> I could give here several other ways of training and conceiving a series of curved lines, each curve more complex than any preceding one, but I think the best way to group together all such curves and then classify them in order is by recognizing the fact that all points of those curves which we may call 'geometric', that is, those which admit of precise and exact measurement, must bear a definite relation to all points of a straight line, and that is this relation must be expressed by means of a single equation.

1620 के लगभग दकार्ता ने तृतीय और चतुर्थघात के समीकरणों को एक द्विघातीय वक्र (परवलय या वृत्त) के अंतरछेदन से हल करने की प्रविधि प्राप्त की थी।

वे अपनी इस खोज पर इतने आत्ममुग्ध थे कि इसे अपनी श्रेष्ठतम उपलब्धि मानते थे। दकार्ता को यह ज्ञान नहीं था कि फर्मा भी इसे स्वतंत्र रूप से प्राप्त कर चुके हैं।

1638 के लगभग दकार्ता ने एक वक्र; जिसे 'फोलियम ऑफ दकार्ता' कहते हैं, का उल्लेख किया था–

$$x^3 + y^3 = 3axy$$

इसे $$x + y = \frac{3a}{\frac{x}{y} + \frac{y}{x} - 1}$$

के रूप में भी लिखा जा सकता है। हाइगंस ने 1692 में इसका ग्राफ दिया था–

$$x = \frac{3at}{1+t^3}$$

$$y = \frac{3at^2}{1+t^3}$$

इसके वक्र का पेरामीट्रिक समीकरण है।

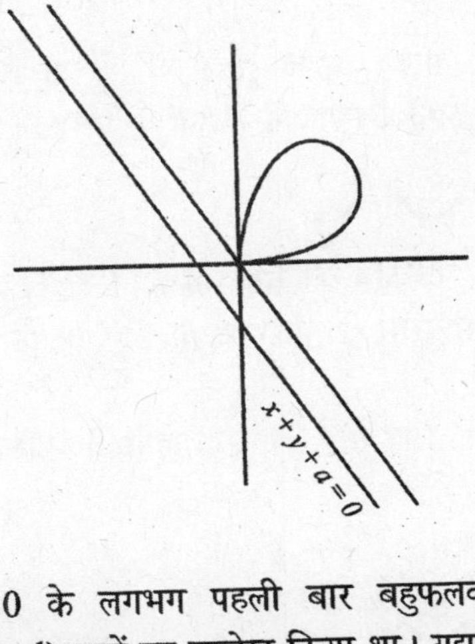

दकार्ता ने 1630 के लगभग पहली बार बहुफलकों (Polyhedra) के स्थेतिकी (Topological) गुणों का उल्लेख किया था। यद्यपि इस विषय पर लिखा हुआ उनका शोध-पत्र आज उपलब्ध नहीं है पर लाइबनिट्ज द्वारा की गई उसकी प्रतिलिपि से हमें उसकी जानकारी मिलती है।

दकार्ता ने सूत्र दिया था–

$$P = 2F + 2V - 4; P = 2E$$

1742 में इसी सूत्र को आयलर ने निम्न रूप में प्राप्त किया था–

$V - E + F = 2$

यहाँ V – शीर्ष की संख्या

E – किनारों की संख्या

F – फलकों की संख्या

दकार्ता ने घातांक प्रणाली से $x^3, x^4, x^5, \ldots$ लिखने की शुरुआत की।

दकार्ता का गुणनखंड प्रमेय (1637)–यदि $f(x)$ एक बहुपद है जिसका मान $x = a$ पर शून्य हो तो $(x - a)$ इस बहुपद का एक गुणनखंड होगा।

$$f(x) = (x - a)\,[p(x)]$$

दकार्ता के प्रमेय ने n-घातांक के एक बहुपद को n-सरल गुणनखंडों के रूप में व्यक्त किए जाने की संभावनाओं को प्रबल किया और बीजगणित के मूलभूत प्रमेय का मार्ग प्रशस्त किया।

दकार्ता ने समीकरणों के वास्तविक धनात्मक और ऋणात्मक मूलों की संख्या ज्ञात करने संबंधी नियम भी दिया था जिसे–Descartes' Rule of Sign के नाम से जाना जाता है। इसके अनुसार, एक समीकरण–

$$f(x) = x^{12} - x^4 + x^3 - x^2 + 1 = 10$$

में धनात्मक मूलों की संख्या बहुपद $f(x)$ में पदों के चिह्नों के परिवर्तन की संख्या से अधिक नहीं होगी। बहुपद में चिह्नों के परिवर्तन का क्रम है–

$$+ \curvearrowright - \curvearrowright + \curvearrowright - \curvearrowright +$$

पदों के चिह्नों के परिवर्तन की संख्या 4 है।

दकार्ता के नियमानुसार समीकरण $f(x) = 0$ के धनात्मक मूलों की अधिकतम संख्या 4 होगी।

ऋणात्मक मूलों के लिए $f(-x)$ में चिह्नों के परिवर्तन की संख्या ज्ञात कीजिए।

$$f(-x) = x^{12} - x^4 - x^3 - x^2 + 1$$

$$+ \curvearrowright - \quad - \quad - \curvearrowright +$$

अतः समीकरण में ऋणात्मक मूलों की संख्या 2 से अधिक नहीं होगी। इस प्रकार समीकरण में वास्तविक मूलों की संख्या 6 होगी।

समीकरण 12 घातांक का है–इसलिए इसके शेष 6 मूल काल्पनिक होंगे।

समाकलन का उत्स वक्रों के क्षेत्रफल के रूप में आर्किमीदीज के कार्यों में ढूंढ़ा

जा सकता है। अरब गणितज्ञ–

अल हाइथम (965-1039) ने श्रेणी

$$1^K + 2^K + 3^K + \ldots + n^K \quad (K = 1,2,3,4)$$

का योग प्राप्त कर आयतन संबंधी निष्कर्ष प्राप्त किए थे। केवेलिएरी (Cavalieri) ने 1635 में इसका विस्तार करते हुए K = 1, 2, 3, ..., 9 के लिए–

$$\int_0^a x^K \, dx = \frac{a^{K+1}}{K+1}$$

का अनुमान लगाया था। यही परिणाम–फर्मा, दकार्ता और राबरवाल द्वारा भी 1630 में प्राप्त किया गया था।

दकार्ता ने एक नई वैज्ञानिक संस्कृति की शुरुआत की जिसमें प्रत्यक्ष प्रमाण की अनिवार्यता पर बल दिया गया था। वे सत्य को स्वीकार करने के पूर्व प्रश्नवाचक भाव से उसकी परख करने में विश्वास करते थे। उनका कहना था–

"In order to arrive at truth, everything must be put to doubt."

आयलर

- आधुनिक बीजगणित का युग इवारिस गाल्वा (1811-1832) से प्रारंभ होता है। अपने कार्यों से उन्होंने एक नए बीजगणित की आधारशिला रखी। गाल्वा ने ग्रुप और फील्ड की संकल्पनाओं के साथ पूरे परिदृश्य को बदल दिया। गाल्वा के पूर्वजों में उल्लेखनीय नाम–आयलर, लाग्रांज, गाउस, कोशी और आबेल के हैं।

यद्यपि 18वीं शताब्दी तक बीजगणित-समीकरणों के माध्यम से प्रश्नों के समाधान का ही विज्ञान था–परंतु उसके स्वरूप में क्रमशः परिवर्तन आ रहा था। अब परिमेय और सम्मिश्र संख्याएँ स्वीकार्य थीं। समीकरणों के गुणधर्मों का अध्ययन भी बीजगणित के दायरे में आता जा रहा था। बीजगणितीय हलों के साथ समीकरणों के संख्यात्मक हलों को प्राप्त करने के प्रयास किए जा रहे थे और सम्मिश्र संख्याओं के प्रति गणितज्ञों की जिज्ञासा बढ़ रही थी। बीजगणित का मूलभूत प्रमेय अभी खोजा जाना था।

16वीं शताब्दी के बाद से ही 4 से अधिक घात के समीकरणों को हल करने की प्रविधियाँ खोजी जा रही थीं। तीन देशों से कार्यरत तीन गणितज्ञों ने समीकरणों को हल करने की विस्तृत विश्लेषणात्मक व्याख्या अपने कार्यों में प्रस्तुत की। ये गणितज्ञ थे–लाग्रांज (Lagrange), वेन्दरमान्दे (Vandermonde) और एडवर्ड वेरिंग (Edward Waring)। लाग्रांज उस समय बर्लिन अकादमी में और वेन्दरमान्दे पेरिस अकादमी में कार्यरत थे। वेरिंग–कैम्ब्रिज विश्वविद्यालय में लुकेसियन पीठ पर थे। इन तीनों के कार्य अपने पूर्ववर्ती गणितज्ञों से भिन्न थे और यही इन तीनों में साम्य था। तीनों को यह भी मालूम था कि उनके पूर्ववर्ती गणितज्ञ असफल क्यों थे।

लाग्रांज ने अपना कार्य Reflexions Sur la resolution algébrique des equations–1770-71 में प्रकाशित किया। वेन्दरमान्दे का कार्य पेरिस अकादमी से Memoire Sur la resolution des equation शीर्षक से 1774 में प्रकाशित हुआ। वेरिंग ने 1762 में प्रकाशित अपनी पुस्तक को परिमार्जित कर Meditationes algebraicae शीर्षक से 1770 में प्रकाशित किया।

यद्यपि आयलर ने प्रत्यक्ष रूप से बीजगणित में कोई अधिक कार्य नहीं किया, पर गणितीय विश्लेषण में किये गए उनके महत्वपूर्ण कार्यों का व्यापक प्रभाव गणित की सभी विधाओं पर पड़ा। उन्होंने बीजगणित पर एक पुस्तक लिखी थी जो अत्यंत लोकप्रिय हुई।

- **लियोनार्ड आयलर** (1707-83) की गणना विश्व के सार्वकालिक महान गणितज्ञों में की जाती है। गणित के इतिहास में 18वीं शताब्दी को प्रायः 'आयलर का युग' के नाम से जाना जाता है। उनका संपूर्ण जीवन गणित को समर्पित था। उन्होंने गणित, यांत्रिकी, खगोल और भौतिकी में जितना अनुसंधान कार्य और लेखन किया, उतना संभवतया आज तक संसार के किसी अन्य गणितज्ञ ने नहीं किया। उनका संपूर्ण कार्य 72 वृहद खंडों में प्रकाशित हुआ है। वे अपनी विलक्षण स्मरण शक्ति, ऊर्जावान एकाग्रता और अपनी गणितीय निष्ठा के लिए विशेष रूप से जाने जाते हैं। उन्हें होमर और वर्जिल के काव्य पूरे के पूरे कंठस्थ थे। शोरगुल या भीड़-भाड़ से उनकी एकाग्रता बिलकुल अप्रभावित रहती थी। 'घुटनों पर खेलते हुए बच्चे और पीठ पर बैठी बिल्ली' जैसी नितांत पारिवारिक स्थितियों में उन्होंने अपना युगांतकारी कार्य किया। गणना करने की उनकी अद्‌भुत क्षमता पर टिप्पणी करते हुए, फ्रान्कवा अरागो ने लिखा है : "जितनी सरलता से मनुष्य साँस लेता है और बाज अपने को आकाश में स्थिर रखता है, उतनी ही सहजता से आयलर गणना करते थे।"

- आयलर के संपूर्ण जीवन को चार भागों में विभाजित किया जा सकता है–

प्रारंभिक वर्ष	–	1707-27
पीटर्सबर्ग के 14 वर्ष	–	1727-41
बर्लिन में 25 वर्ष	–	1741-66
पुनः पीटर्सबर्ग में	–	1766-83

सौभाग्य से उनके जीवन के प्रारंभिक वर्षों का विवरण, स्वयं उन्हीं के शब्दों में उपलब्ध है, जिसके अनुसार उनका जन्म स्विटजरलैंड के बासेल शहर में 15 अप्रैल, 1707 को हुआ था। उनके पिता का नाम पॉलस आयलर (1670-1745) और माँ का नाम माग्रेथ ब्रकर (1677-1761) था। उनके पूर्वजों का कंघी बनाने का व्यवसाय था। पॉलस आयलर ने बासेल विश्वविद्यालय से दर्शन और नीतिशास्त्र की शिक्षा प्राप्त की थी। यहीं उन्होंने जेकब बर्नाली से गणित का ज्ञान भी प्राप्त किया। वे केल्विन संप्रदाय के पुरोहित थे और अपने अनुयायी श्रद्धालुओं में आदर के साथ देखे जाते थे। उनकी चार संतानों में लियोनार्ड

सबसे बड़े थे। परिवार की धार्मिक आस्थाओं से लियोनार्ड जीवनपर्यंत जुड़े रहे।

आयलर ने अपने पिता से प्रारंभिक शिक्षा प्राप्त की, जिन्होंने उन्हें गणित के मूलभूत सिद्धांतों से भी परिचित कराया। 1720 में उन्होंने बासेल विश्वविद्यालय में प्रवेश लिया और दर्शनशास्त्र में उपाधि प्राप्त की। इसके साथ-साथ वे योहान बर्नाली से गणित की शिक्षा लेते रहे। यद्यपि उनके पिता की इच्छा थी कि वे ग्रीक और हिब्रू भाषाओं के साथ नीतिशास्त्र का अध्ययन करें पर तरुण आयलर ने अपना सारा जीवन गणित को समर्पित करने का निर्णय लिया।

18वीं शताब्दी में यूरोप में ज्ञान-विज्ञान के प्रचार-प्रसार और शोध कार्यों को प्रोत्साहित करने में दो अकादमियों की भूमिका महत्वपूर्ण थी। दोनों ही संस्थानों की स्थापना लाइबनिट्ज (1646-1716) के प्रयासों से संभव हुई। संयोग से आयलर भी दोनों ही से संबद्ध रहे। पर्शिया के सम्राट फ्रेडरिक-प्रथम ने बर्लिन में अकादमी की स्थापना की, जिसने 1711 से कार्य करना प्रारंभ किया। 1724 में रूस के सम्राट–पीटर ने सेंट पीटर्सबर्ग में अकादमी की स्थापना की।

पीटर्सबर्ग की अकादमी में निकोलस बर्नाली (द्वितीय) और डेनियल बर्नाली (प्रथम) की नियुक्ति ने आयलर के वहाँ पहुँचने के मार्ग को प्रशस्त किया। आयलर को पीटर्सबर्ग बुलाने में क्रिश्चियन गोल्डबाख (1690-1764) नामक राजनयिक और गणितज्ञ का भी योगदान था। कोनिग्सबर्ग (जर्मनी) में जन्मे गोल्डबाख कानून के स्नातक थे। 1725 में उन्हें पीटर्सबर्ग की अकादमी का सचिव बनाया गया। आयलर के साथ उनका पत्र-व्यवहार जीवनपर्यंत रहा। लगभग 200 पत्रों का यह पत्र-संग्रह गणित के इतिहास की एक बहुमूल्य धरोहर है। इन पत्रों से गोल्डबाख की गणितीय प्रतिभा का भी परिचय मिलता है। 7 जून, 1742 के अपने एक पत्र में उन्होंने आयलर को लिखा–

'प्रत्येक सम-संख्या दो अभाज्य संख्याओं का योग है'

$2=1+1$	$8=3+5$	$16=3+13$
$4=2+2$	$10=3+7$	$52=5+47$
$6=3+3$	$12=5+7$	

यह उनका अनुमान था। यद्यपि बड़ी-से-बड़ी सम-संख्याओं के लिए गोल्डबाख के अनुमान की सत्यता प्रमाणित की जा चुकी है–परंतु इसे सिद्ध किए जाने की अथवा प्रत्युदाहरण की अभी भी प्रतीक्षा ही की जा रही है। इस अनुमान को कथानक का आधार बनाते हुए एपोस्टोलोस डोक्सीएडिस (Aposotolos Doxiadis) ने *Uncle Petros and Goldbach's Conjecture* नाम से एक रोचक उपन्यास की रचना की है।

1727 में आयलर को पीटर्सबर्ग की अकादमी में चिकित्सा विभाग में आमंत्रित किया गया, जहाँ उनका कार्य शरीर-विज्ञान का अध्ययन करने का था। यहाँ उन्होंने ज्यामिती, त्रिकोणमति, गणितीय विश्लेषण, संख्या-सिद्धांत, यांत्रिकी और खगोल शास्त्र जैसे अनेक विषयों में महत्वपूर्ण कार्य किया। 1733 में उन्हें अकादमी की गणित की पीठ पर नियुक्त किया गया। इसी वर्ष उन्होंने केथेरीना नामक युवती से विवाह किया।

इन्हीं वर्षों में आयलर ने लघुगुणकीय आधार के लिए e का संकेत प्रचलित किया। इस संकेत का सर्वप्रथम उपयोग आयलर ने 1731 में गोल्डबाख को लिखे अपने एक पत्र में किया था। पीटर्सबर्ग में उन्हें शासन की कई तकनीकी समस्याओं पर भी कार्य करना होता था–फलस्वरूप उनकी प्रतिभा का उपयोग मानचित्रों की रचना, जहाज के निर्माण और नौ संचालन आदि में प्रचुर मात्रा में हुआ। इन्हीं आरंभिक वर्षों में उन्होंने एक अभूतपूर्व सूत्र खोज निकाला था, जो अब उनके ही नाम से जाना जाता है–

$$e^{i\pi} + 1 = 0$$

यहाँ यह उल्लेख करना प्रासंगिक होगा कि $\sqrt{-1}$ के लिए i का संकेत भी आयलर की ही देन है। उन्होंने आयलर स्थिरांक की भी गणना की और दर्शाया कि–

$$V = \lim_{K \to \infty} \left[1 + \frac{1}{2} + \frac{1}{3} + \ldots + \frac{1}{k} - \log_e{}^k\right]$$

$$\simeq 0.5772$$

इस सूत्र का उपयोग श्रेणी $\sum_{1}^{n} \frac{1}{k}$ के योग के लिए किया जाता है। उन्होंने गणित जगत को संकलन के लिए Σ और फलन के लिए $f(x)$ के संकेत दिए। एक त्रिभुज के कोणों को A, B, C से और उनके सम्मुख भुजाओं को a, b, c से दर्शाए जाने की विधि की शुरुआत भी उन्होंने की।

आयलर ने यह भी दर्शाया कि–

$$\sin x = \frac{e^{ix} - e^{-ix}}{2i} \text{ और } \cos x = \frac{e^{ix} + e^{-ix}}{2}$$

सेंट पीटर्सबर्ग की अपनी अवधि में, आयलर ने–

बीजगणित (समीकरण सिद्धांत); *संख्या शास्त्र* (अभाज्य संख्याएँ); *अंक गणित; ज्यामिती* (टॉपालॉजी); *अवकल ज्यामिती; अवकल समीकरण; विचरण कलन;*

श्रेणी सिद्धांत; गणितीय विश्लेषण और चलन-कलन; यांत्रिकी; भौतिकी; खगोल शास्त्र; नौकायन सिद्धांत; मौसम विज्ञान और *संगीत* जैसे अनेक विषयों को अपने शोध-कार्य से समृद्ध किया। 1731 में आयलर ने अकादमी के लिए संगीत के सिद्धांतों पर एक विवेचनात्मक प्रबंध लिखा, जो 8 वर्षों के उपरांत *Tentamen novae theoriae musicae* शीर्षक से प्रकाशित हुआ। इसी शृंखला में उन्होंने 1760, 1764 और 1773 के वर्षों में तीन और प्रबंध अकादमी के लिए लिखे। इन प्रबंधों में आयलर ने स्वर-संगीत के नियमों की गणितीय विवेचना के साथ संयोजन और स्वर-व्यवस्था का भी विश्लेषण किया। जहाँ आयलर के पूर्ववर्ती विद्वानों ने ब्रह्मांड की विश्व-व्यवस्था से सुरों की सुसंगति बिठाते हुए संगीत की तात्विक विवेचना की, वहीं आयलर ने संख्याओं से अपने प्रेम के कारण संगीत के स्वर-संयोजनों का ठोस गणितीय प्रारूप प्रस्तुत किया। अंतराल का लालित्य आवृत्ति की सरलता पर निर्भर है–जैसे पाइथेगोरियन निष्कर्षों के आधार पर आयलर ने मर्सीन, दकार्ता और लाइबनिट्ज का अनुसरण करते हुए सांगीतिक सुरीलेपन के लिए संख्या-सिद्धांत पर निष्कर्ष प्राप्त किए। जाहिर है कि आयलर के विचार न तो गणितज्ञों को रास आए और न ही संगीतकारों को। गणितज्ञों के लिए वे संगीतात्मक प्रचुरता के कारण बोझिल थे तो संगीतज्ञों के लिए अपनी गणितीयता के कारण जटिल।

टॉपालॉजी, ग्राफ थ्योरी और नेटवर्क आज गणित की प्रोन्नत शाखाएँ हैं। एक सामान्य से और जन-साधारण के कौतुहल-प्रश्न से इन विधाओं का विकास हुआ।

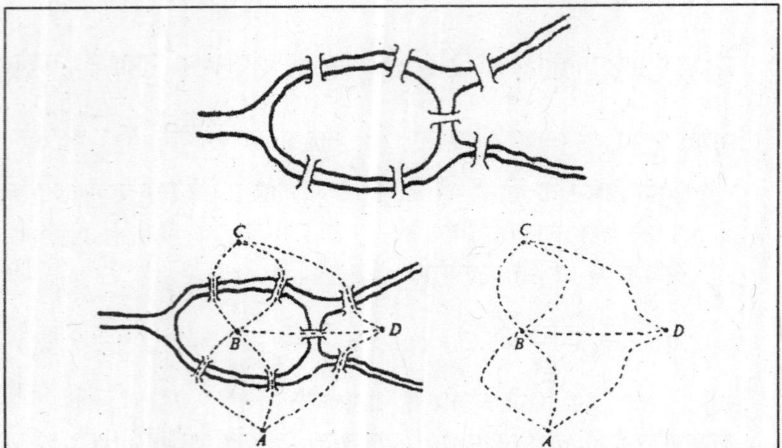

चित्र-1

कोनिग्सबर्ग में प्रोगल नदी पर बने सात पुलों से यह कहानी शुरू होती है। वहाँ के निवासी सातों पुलों को एक ही बार में, किसी भी पुल पर दुबारा न जाकर पार करने की कोशिश करते थे। आयलर ने सिद्ध किया कि सातों पुल सतत चलते हुए, मार्ग को दोहराए बिना पार नहीं किए जा सकते (चित्र-1)।

उन्होंने इसके सांस्थिक प्रारूप के माध्यम से इसे नेटवर्क की समस्या में परिवर्तित कर इसका हल प्राप्त किया। आयलर का यह हल 1735 में प्रकाशित हुआ। उन्होंने यह भी सिद्ध किया कि एक बहुफलक में–

किनारों की संख्या + 2 = शीर्षों की संख्या + फलकों की संख्या

$E + 2 = V + F$

आयलर का यह कार्य टॉपालॉजी, ग्राफ थ्योरी और नेटवर्क के विकास के लिए आधारभूत सिद्ध हुआ।

1736 में दो खंडों में प्रकाशित–*Mechanica Sive Motvs Scientia Analytice* (Mechanics or the science of motion described analytically) उनकी एक उत्कृष्ट कृति मानी जाती है। इसमें उन्होंने यांत्रिकी के सिद्धांतों की विवेचना के लिए चलन गणित का प्रयोग किया। उन्होंने एक ठोस पिंड के लिए दीर्घवृत्तीय समालकन के रूप में गति के नियम सूत्रबद्ध किए। इस ग्रंथ से उनकी ख्याति पूरे यूरोपीय महाद्वीप में फैल गई।

- 21 अगस्त, 1740 को गोल्डबाख को लिखे अपने पत्र में आयलर ने लिखा : "यह भूगोल तो मेरे लिए जानलेवा है। इसके कारण मेरी एक आँख खराब हो गई है।" इसी पत्र में उन्होंने गोल्डबाख से अनुरोध किया कि वे अपने प्रभाव का उपयोग करते हुए, उन्हें इस विभाग के अतिरिक्त कार्यभार से मुक्त कराएँ। इस विभाग के दायित्वों के अंतर्गत आयलर को सर्वेक्षण, मानचित्र बनाने जैसे कार्य भी करने पड़ते थे। फलस्वरूप उनका स्वास्थ्य खराब रहने लगा था और दायीं आँख की रोशनी जाती रही। लगभग इन्हीं वर्षों में रूस में अन्ना इवानोवना (Anna Ivanovna) की मृत्यु के बाद सत्ता संघर्ष और अनिश्चितता का युग प्रारंभ हुआ। पीटर्सबर्ग में आवासीय समस्याओं के कारण आयलर को अपना निवास सैन्य अधिकारियों और सैनिकों के साथ साझा करना पड़ता था–जो उनके लिए असुविधाजनक होता था। पीटर्सबर्ग में इन वर्षों में हुए लगातार अग्निकांडों से उनकी पत्नी बहुत चिंतित रहा करती थीं। इन सब कारणों के चलते उन्होंने प्रशिया के सम्राट फ्रेडरिक का निमंत्रण स्वीकार करते हुए बर्लिन जाने का निश्चय किया। वे 25 जुलाई, 1841 को बर्लिन पहुँचे।

1746 में गोल्डबाख को लिखे अपने एक पत्र में उन्होंने सिद्ध किया कि

"एक काल्पनिक संख्या का काल्पनिक घातांक, एक वास्तविक संख्या हो सकती है।"

$$e^{i\theta} = \cos\theta + i\sin\theta$$

$\theta = \frac{\pi}{2}$, रखने पर–

$$e^{i\frac{\pi}{2}} = i$$

$$\Rightarrow \left(e^{i\frac{\pi}{2}}\right)^i = i^i = e^{i^2\frac{\pi}{2}} = e^{-\frac{\pi}{2}}$$

1747 में आयलर ने सिद्ध किया कि ऋणात्मक संख्याओं के लघुगुणक काल्पनिक होंगे।

$$e^{i\pi} = -1$$

$\Rightarrow \log(-1) = i\pi$, जो एक काल्पनिक संख्या है।

बर्लिन के अपने वर्षों में आयलर ने विचरण कलन (Calculus of variation) विषय की आधारशिला तैयार की। यद्यपि इस विषय पर उनका प्रारंभिक प्रबंध 1738 में सेंट पीटर्सबर्ग अकादमी से प्रकाशित हुआ था। इसी विषय पर लाग्रांज को श्रेय देने के लिए उन्होंने अपना शोध-आलेख पहले प्रकाशित होने से रोक लिया था। यही नहीं, बाद में प्रकाशित अपने शोध-कार्य में उन्होंने लाग्रांज की प्रविधि की भूरि-भूरि प्रशंसा भी की थी। ऐसी उदारता कम ही देखने को मिलती है। उन्होंने अपनी पुरानी विधियों की बनिस्बत लाग्रांज की तकनीक का उपयोग करते हुए 1744 में विचरण कलन पर अपना महत्वपूर्ण ग्रंथ प्रकाशित किया।

अस्त्र-विज्ञान (Ballistics) पर उनकी कृति 1745 में प्रकाशित हुई। इसका शीर्षक था–*New Grundsatze de Artillerie.* 1777 में इसका अँग्रेजी और 1783 में फ्रेंच अनुवाद हुआ। वर्षों तक यह यूरोप के सैन्य प्रशिक्षण संस्थानों में पाठ्यपुस्तक के रूप में पढ़ाई जाती रही।

1748 में गणितीय विश्लेषण पर उनकी उल्लेखनीय कृति–*Introducto in Analysin Infinitorum* प्रकाशित हुई। यह एक वृहद् त्रयी का पहला भाग था। इसी क्रम में 1755 में अवकल कलन के दो खंड और 1768 में समाकलन कलन के चार खंड प्रकाशित हुए। इन ग्रंथों के माध्यम से आयलर ने गणितीय विश्लेषण और फलनों के सिद्धांत-विषयों की सुदृढ़ और परुष पृष्ठभूमि तैयार की। यहीं आयलर का प्रसिद्ध प्रमेय है, जिसके अनुसार–

$$xf_x + yf_y = nf$$

और यहीं आयलेरियन समाकलनों के रूप में बीटा, गामा फलनों की भी चर्चा की गई है। 18वीं शताब्दी में रिकेटी का अवकल समीकरण बहुत प्रसिद्ध हुआ था–

$$y' = p(x)\,y^2 + q(x)\,y + r(x)$$

अनेक गणितज्ञों ने इसका अध्ययन किया था। आयलर, वह पहले गणितज्ञ थे जिन्होंने यह दर्शाया कि, यदि–

$$v = f(x)$$

इस समीकरण का एक विशेष हल है, तो–

$$y = v + \frac{1}{z}$$

रखने पर यह समीकरण एकरेखीय अवकल समीकरण में रूपांतरित हो जाता है और इसका व्यापक हल ज्ञात किया जा सकता है।

1754 में आयलर के ज्येष्ठ पुत्र जोहान अल्बर्ट (1734-1800) बर्लिन अकादमी के सदस्य बनाये गए। उनके दूसरे पुत्र कार्ल (1740-1790) ने चिकित्सा विज्ञान में उपाधि प्राप्त की। उनका तीसरा पुत्र क्रिस्टॉफ (1743-1808) प्रशिया की आर्टीलरी में लेफ्टीनेंट था। 1763 में उनकी पुत्री चार्लोट (1744-1780) की सगाई हॉलैंड के एक धनी युवक डेलेन से हुई थी–जो प्रशिया की सेना में था। इस विवाह के लिए दोनों को तीन वर्ष तक सम्राट फ्रेडरिक की अनुमति की प्रतीक्षा करनी पड़ी।

बर्लिन अकादमी में कार्य करते हुए भी आयलर का संपर्क सेंट पीटर्सबर्ग से बना हुआ था और उन्हें वहाँ से पेंशन भी मिलती थी। पर यहाँ फ्रेडरिक से उनके संबंध मधुर नहीं थे। फ्रेडरिक के दरबार में आयलर जैसे गंभीर व्यक्ति की बजाय वाल्तेयर जैसे चाटुकार और वाक्पटु लोगों की ज्यादा कद्र थी। फ्रेडरिक आयलर के नीरस व्यवहार से ऊब चुके थे और आयलर भी अपनी उपेक्षा और उपहास से दुखी थे। आयलर को यह आशंका भी थी कि जर्मनी में उनके पुत्रों का कोई भविष्य नहीं है। तभी रूस की साम्राज्ञी कैथरीन-द्वितीय ने 1766 में आयलर को सेंट पीटर्सबर्ग वापस आने का

चित्र-2 : आयलर

आमंत्रण भेजा, जिसे आयलर ने स्वीकार कर लिया (चित्र-2)।

- 28 जुलाई, 1766 को आयलर दूसरी बार सेंट पीटर्सबर्ग पहुँचे। उन्होंने अपने लिए जो-जो सुविधाएँ चाही थीं–वे सब-की-सब लगभग-लगभग, साम्राज्ञी द्वारा स्वीकार कर ली गईं। उनकी एक आँख की रोशनी तो पहले ही जा चुकी थी। पीटर्सबर्ग में उनकी बायीं आँख के मोतियाबिंद का आपरेशन हुआ, जो दुर्भाग्य से असफल रहा और उनकी दूसरी आँख भी बेकार हो गई। जीवन के अंतिम 14 वर्ष उन्होंने अंधत्व की स्थिति में बिताए–पर इससे उनके शोध कार्य और लेखन पर कोई प्रभाव नहीं पड़ा। वे उतने ही लगनपूर्वक अपने कार्य में लगे रहे। 10 नवंबर, 1773 को उनकी पत्नी की मृत्यु हो गई। अपनी देखभाल के लिए उन्होंने अपनी पत्नी की दूर की बहन से 1776 में विवाह किया, जिसके साथ उन्होंने जीवन के अंतिम सात वर्ष सुख और शांति से गुजारे। वृद्ध आयलर के अंतिम वर्षों की गतिविधियों का प्रभावी वर्णन जोहान बर्नाली (तृतीय) के शब्दों में ही पढ़ना बेहतर होगा। वे 1778 में आयलर के पास सेंट पीटर्सबर्ग आए थे। जोहान लिखते हैं :

  > His health is still quite good which he owes to a very moderate and regular life style; and he is able to make use of his vision, for the most part lost since long ago, and for some time entirely; still even better than many realize; it is true that he can not recognize people by their faces, nor read black on white, nor write with pen on paper; yet with chalk he writes his mathematical calculation on a black board very clearly and in rather normal size; these are immediately copied by one of his adjuncts, Mister Fuss and Golovin (most often the former) into a large book and then from these materials are later composed memoirs under his direction.

  76 वर्ष 5 माह और 3 दिन की आयु में 18 सितंबर, 1783 को उनकी मृत्यु हुई।

- 1783 में ही आयलर के समकालीन फ्रेंच गणितज्ञ–जॉ ल रान देलांबर (Jean Le Rond d'Alembert) की भी मृत्यु हुई। देलांबर की गणना फ्रांस के प्रखरतम वैज्ञानिकों एवं बुद्धिजीवियों में की जाती है। क्रांति के लिए आवश्यक बौद्धिक परिवेश को सुदृढ़ बनाने में उनका योगदान महत्वपूर्ण था। वे एक सैन्य अधिकारी और एक अभिजात्य महिला की अवैध संतान थे। उनकी माँ ने जन्म के तुरंत बाद ही उन्हें पेरिस के नोत्रेदम में सेंट जॉ ल रान

चेपल की सीढ़ियों पर छोड़ दिया था। एक काँचकर्तक दंपत्ति ने उनका लालन-पालन किया। इस बदनाम और साधारण-सी पृष्ठभूमि के बावजूद भी वे अपनी प्रतिभा के बल पर फ्रांस ही नहीं अपितु पूरे यूरोपीय महाद्वीप में अपने लिए भरपूर प्रतिष्ठा और सम्मान अर्जित करने में सफल हुए।

आंशिक अवकल समीकरणों, विश्लेषण तथा यांत्रिकी में उनका महत्वपूर्ण कार्य है। श्रेणियों के अभिसरण के कई नियम उन्होंने सूत्रबद्ध किए। 1743 में उनकी प्रसिद्ध कृति–*Traite de dynamique* प्रकाशित हुई। वे उदार हृदय के व्यक्ति थे और अपने प्रभावी संपर्कों के कारण अन्य गणितज्ञों की भरपूर मदद करते थे। 18वीं शताब्दी के अनेक वैज्ञानिकों एवं गणितज्ञों से उनके संबंध आत्मीय और मित्रवत थे।

- सेंट पीटर्सबर्ग की अपनी दूसरी पारी में आयलर ने शुद्ध और प्रायोज्य गणित, खगोल, और भौतिकी पर लगभग 400 शोध-आलेख लिखे। इस अवधि की उनकी एक उल्लेखनीय कृति है–*Vollständige Anleitung Zur Algebra* (Complete Guide to Algebra)। इसका रूसी भाषा में अनुवाद 1768 में प्रकाशित हुआ। मूल कृति जर्मन भाषा में 1770 में प्रकाशित हुई। फ्रेंच (1774), अँग्रेजी और डच में इसका अनुवाद हुआ। यह पुस्तक अत्यंत लोकप्रिय हुई। यूक्लिड के एलीमेंट्स के बाद गणित की सर्वाधिक बिकने वाली पुस्तकों में इसकी गणना की जाती है। प्राकृतिक संख्याओं की विवेचना से प्रारंभ करते हुए आयलर ने इसमें समीकरणों और डायफॉन्टाइन समीकरणों तथा अनिधरिय विश्लेषण की विस्तार से चर्चा की है।

यद्यपि आयलर ने संख्या सिद्धांत पर स्वतंत्र रूप से कोई प्रबंध नहीं लिखा, पर अपने पत्रों और आलेखों में कई निष्कर्षों का उल्लेख किया है।

(i) फर्मा का विश्वास था कि संख्याएँ–

$$F_n = 2^{2^n} + 1, \quad n = 0, 1, 2, 3, 4, 5, \ldots$$

अभाज्य हैं। आयलर ने 1732 में सिद्ध किया कि–

$2^{2^5} + 1 = 429\,496\,7297$ अभाज्य नहीं है।

$$= 6700417 \times 641$$

(ii) आयलर ने 1736 में फर्मा के लघु प्रमेय की उपपत्ति दी।

(iii) आयलर ने आयलर-फाय-फलन को परिभाषित किया–

$\phi(m)$ = Number of integers less than m, which are prime to m

और सिद्ध किया कि–

$$a^{\phi(m)} - 1 \quad \text{is divisible by } m$$
$$\text{if } (a, m) = 1$$

(iv) यह परिणाम ज्ञात था कि यदि $(2^{n+1} - 1)$ एक अविभाज्य संख्या हो तो $(2^{n+1} - 1) \times 2^n$ एक परिपूर्ण संख्या होगी। आयलर ने यह सिद्ध किया कि प्रत्येक सम परिपूर्ण संख्या को उपरोक्त प्रकार से अभिव्यक्त किया जा सकता है। 1832 में प्रकाशित अपने एक शोध-पत्र में हार्वर्ड विश्वविद्यालय के बेंजामिन पियर्स ने सिद्ध किया कि यदि एक परिपूर्ण संख्या M उपरोक्त प्रारूप की न हो तो M के कम-से-कम 4 पृथक अभाज्य गुणनखंड होंगे। इससे यह भी निष्कर्ष प्राप्त होता है कि किसी भी विषम परिपूर्ण संख्या के कम-से-कम 4 पृथक एवं अविभाज्य गुणनखंड होंगे।

आयलर ने लगभग पाँच दशकों तक अपनी बौद्धिक उपस्थिति से गणित के प्रभामंडल को जाज्वल्यमान बनाए रखा। प्रसिद्ध गणितज्ञ लाप्लास अपने विद्यार्थियों से कहा करते थे : "आयलर को पढ़ो। वो हम सबके गुरु हैं।" गाउस के लिए आयलर के कार्यों को पढ़ने से बेहतर कोई दूसरा उपक्रम नहीं था। श्रेष्ठतम गुणवत्ता के साथ अपनी विपुल रचनाधर्मिता, ऊर्जस्विता और बौद्धिक प्रखरता का उनका कोई उत्तराधिकारी नहीं है। शायद इसीलिए कहा जाता है कि–'शिखर पर जो हैं, वे एकाकी ही होते हैं।'

लाग्रांज

- "पुराने सूर्य से जिस तरह हर रोज नया दिन मिलता है, जिस तरह पुरानी पृथ्वी से ऋतुएँ मिलती हैं, जैसे पुरानी घास में से नई घास अंकुरित होती है"–उसी तरह बीतने वाली शताब्दी की गणितीय परंपराओं से नई शताब्दी का गणित उद्घाटित होता है। इसमें गणितीय विधाओं के पुनर्सृजन के साथ नवोन्मेष के अनुभवों की उत्तेजना अनिवार्य रूप से शामिल होती है। गणित के इतिहास में 18वीं शताब्दी का समय प्रातिभों की शताब्दी के बाद का और गणित के आने वाले स्वर्ण युग के पूर्व के सौ वर्षों का युग है। दरअसल अठारहवीं सदी–वैश्विक फलक पर व्यापक परिवर्तनों की शताब्दी थी। 1766 में अमेरिकन क्रांति की शुरुआत हुई और 1789 में हुई फ्रांस की राज्यक्रांति ने एक नए युग का सूत्रपात किया–जिसकी वैचारिक पृष्ठभूमि वाल्तेयर, रूसो, दिलांबर और दिदरो ने तैयार की थी। यद्यपि इनमें से कोई भी इसे देखने के लिए जीवित नहीं था। वाल्तेयर और रूसो की मृत्यु 1778 में, दिलांबर की 1783 और दिदरो की मृत्यु 1784 में हुई। 18वीं शताब्दी का समय यांत्रिकी, खगोलिकी, अवकल-समीकरणों और प्रायोज्य गणित की श्रेष्ठतम अभिव्यक्ति का है। इसी शताब्दी में शुद्ध गणित की भाषा को परुषता और प्रांजलता के गणितीय संस्कार मिले।

लाग्रांज

जोसेफ लुई लाग्रांज (1736-1813) इस शताब्दी के प्रतिनिधि गणितज्ञ कहे जाते हैं। लाग्रांजियन, लाग्रांज समीकरणों, लाग्रांज गुणकों, लाग्रांज अंतर्वेशन, लाग्रांज अवशेष, लाग्रांज प्रमेय जैसी अनेक संकल्पनाओं के साथ, सृजनकर्ता के रूप में उनका नाम जुड़ा है और उनके विराट गणितीय योगदान का स्मरण दिलाता है। उन्होंने साम्राज्यों के ऐश्वर्यों को देखा, क्रांति के परिवर्तनों को देखा और प्रतिक्रांति

के दौर से गुजरते हुए, केवल अपनी गणितीय प्रतिभा के बल पर नेपोलियन के विश्वासपात्र भी बने। वे इटली में जन्मे, बीस वर्षों से भी अधिक समय तक बर्लिन में रहे और जीवन के अंतिम 27 वर्ष फ्रेंच नागरिक के रूप में प्रतिष्ठा के साथ गुजारे। ऐसे ही सर्वजनीन और वैश्विक प्रातिभों के लिए संस्कृत के कवि दंडी ने कहा है :

'स्वदेशो देशान्तरमिति नेयं गणना विदग्ध पुरुषस्य'

अर्थात–बुद्धिमान व्यक्ति के लिए स्वदेश और परदेश का भेद नहीं होता। वह सर्वत्र समान रूप से विचरण करता है।

- लाग्रांज का जन्म इटली के तुरीन में 25 जनवरी, 1736 को हुआ था। उनके पिता का नाम गेसिप लाग्रांजिया और माँ का नाम टेरेसा ग्रोसो था। टेरेसा एक समृद्ध परिवार से थीं और अपने डॉक्टर पिता की इकलौती संतान थीं। गेसिप वंश-परंपरा से फ्रेंच थे पर इटली के सार्डिनिया राज्य में बस गए थे और तुरीन में एक उच्चाधिकारी थे। गेसिप को पैतृक और अपनी पत्नी के परिवार से काफी संपत्ति प्राप्त हुई थी। अपने पुत्र जोसेफ के वयस्क होने तक वे अपनी सारी संपत्ति गँवा चुके थे। परंतु लाग्रांज को कभी इसका दुख नहीं हुआ। उनका कहना था कि धन के अभाव ने गणित में उनकी स्वाभाविक रुचि और नैसर्गिक प्रतिभा को विकसित होने के अवसर प्रदान किए।

उनकी शिक्षा और गणित में उनकी रुचि के बारे में कोई जानकारी नहीं मिलती। ऐसा माना जाता है कि प्रकाशिकी में बीजगणित के उपयोग पर एडमंड हेली के एक निबंध को पढ़कर वे गणित के अध्ययन के लिए प्रेरित हुए। 19 वर्ष की आयु में विचरण-कलन संबंधी अपने कार्यों की जानकारी उन्होंने आयलर को भेजी। आयलर स्वयं वर्षों से इस विषय पर कार्य कर रहे थे। पर तरुण लाग्रांज को इसका श्रेय देते हुए, आयलर ने उन्हें प्रोत्साहित किया। शीघ्र ही लाग्रांज के कार्यों को प्रतिष्ठा मिली और 1755 में वे तुरीन के रॉयल आर्टीलरी कॉलेज में गणित के प्राध्यापक नियुक्त किये गए।

यहाँ, किये गए अत्यधिक श्रम ने उन्हें शारीरिक और मानसिक रूप से थका दिया। 1762 में वे बीमार पड़ गए। यद्यपि उन्होंने शीघ्र ही स्वास्थ्य लाभ कर लिया, पर रोग ने उनका पीछा जीवन भर नहीं छोड़ा। वे कई बार निराश और अवसादग्रस्त हो जाते थे।

1764 में उन्हें फ्रेंच अकादमी का प्रतिष्ठित 'ग्राँ' पुरस्कार मिला। यह पुरस्कार उनके प्रबंध–'Why does the Moon always present same face to the earth' पर दिया गया था। खगोलिकी में गणित के अनुप्रयोगों

के लिए उन्होंने यह सम्मान 1766, 1772, 1774 और 1780 के वर्षों में प्राप्त कर एक कीर्तिमान स्थापित किया। इन्हीं वर्षों में दिलांबर से उनकी गहरी मित्रता हुई।

- 1766 में आयलर–बर्लिन अकादमी छोड़कर सेंट पीटर्सबर्ग जा रहे थे। आयलर और दिलांबर दोनों की अनुशंसा पर प्रशिया के सम्राट फ्रेडरिक ने लाग्रांज को आमंत्रित करते हुए लिखा–"यूरोप के महानतम सम्राट की इच्छा है कि यूरोप का महानतम गणितज्ञ उसके निकट हो।"

दरअसल फ्रेडरिक अपने शाही गणितज्ञ आयलर के रूखे व्यवहार और दार्शनिक मान्यताओं से ऊब चुके थे। महान आयलर के दीर्घ जीवन के संध्याकाल की यह शुरुआत थी। वे अपनी एक आँख खो चुके थे। आडंबरहीन आयलर कुछ चिड़चिड़े भी हो गए थे। फ्रेडरिक उन्हें 'गणितज्ञों के कबाड़ का एकाक्षी' कहा करते थे। सौभाग्य से इसी समय रूस की साम्राज्ञी कैथरीन-द्वितीय ने आयलर को सेंट पीटर्सबर्ग अकादमी में वापस आने का आमंत्रण भेजा। लाग्रांज की नियुक्ति पर, आयलर से चिढ़े, फ्रेडरिक ने दिलांबर को लिखा–

> To your trouble and to your recommendation I owe the replacement in my Academy of a mathematician blind in one eye by a mathematician with two eyes, which will be especially pleasing to the anatomical section.

लाग्रांज ने तुरीन को अलविदा कहा और अक्तूबर 1766 के अंत में वे बर्लिन पहुँचे। यहीं 1769 में उन्होंने विवाह किया। 1783 में लंबी बीमारी के उपरांत उनकी पत्नी की मृत्यु हो गई। तत्पश्चात उन्होंने अपना सारा समय गणितीय शोध-कार्यों के लिए ही समर्पित कर दिया।

- बर्लिन में उनके बीस वर्ष उपलब्धियों से भरे हुए थे। इस समय वे अपनी गणितीय सक्रियता के चरमोत्कर्ष पर थे। इन वर्षों में उन्होंने संख्या-सिद्धांत और समीकरणों पर उल्लेखनीय कार्य किया।

उन्होंने समीकरण $x^5 - 1 = 0$ ....(1)

को हल किया। $x = 1$ इसका एक मूल है। शेष समीकरण–

$$x^4 + x^3 + x^2 + x + 1 = 0 \qquad \text{...............(2)}$$

के मूल हैं, जिसे लाग्रांज ने निम्न रूप में व्यक्त किया–

$$\left(x^2 + \frac{1}{x^2}\right) + \left(x + \frac{1}{x}\right) + 1 = 0 \qquad \text{...............(3)}$$

अब– $x+\frac{1}{x}=y$ रखने पर, समीकरण

$$y^2+y-1=0 \qquad \text{.................(4)}$$

प्राप्त होती है, जिसे y के लिए हल किया जा सकता है, और फिर x का मान प्राप्त किया जा सकता है। यूक्लिड की किताब II के 11वें साध्य की बीजगणितीय अभिव्यक्ति है–

$$y^2+ay=a^2$$

यहाँ $a=1$ (रेखा-खंड की लंबाई) लेने पर लाग्रांज का समीकरण प्राप्त होता है। लाग्रांज ने समीकरण–

$$x^{11}-1=0 \qquad \text{.................(5)}$$

को भी इसी प्रकार हल करने का प्रयास किया। इसे x–1 से भाग देने पर लाग्रांज ने प्राप्त किया–

$$\left(x^5+\frac{1}{x^5}\right)+\left(x^4+\frac{1}{x^4}\right)+\left(x^3+\frac{1}{x^3}\right)+\left(x^2+\frac{1}{x^2}\right)+\left(x+\frac{1}{x}\right)-1=0$$

अब– $x+\frac{1}{x}=y$

रखने पर एक पाँच घातीय समीकरण प्राप्त होता है। लाग्रांज ने इस समस्या को यहीं छोड़ दिया था। रेडिकल्स के द्वारा इसे वेन्दरमान्दे ने हल किया। गाउस ने–

$$x^n-1=0$$

की साधनीयता के प्रमेय की उपपत्ति दी और विशिष्ट स्थिति में–

$$x^{17}-1=0$$

को हल किया।

इन्हीं वर्षों में लाग्रांज ने विल्सन के प्रमेय–

किसी अभाज्य संख्या p के लिए

$$(p-1)!+1$$

को p से भाग दिया जा सकता है।

की उपपत्ति दी और पेल के समीकरणों पर कार्य करते हुए

$$Nx^2+1=y^2$$

के सभी पूर्णांक हल प्राप्त किए।

1771 में उन्होंने विल्सन के प्रमेय का विलोम भी सिद्ध किया।

डायोफेंटस की *अरिथमेटिका* से प्रभावित होकर Bachet de Méziriac ने 1621 में यह अनुमान व्यक्त किया था कि प्रत्येक धनात्मक पूर्णांक चार वर्गों का योग है। लाग्रांज ने इस अनुमान को 1770 में सिद्ध किया।

अपने द्वि-घातीय प्रारूपों पर किए गए कार्य के माध्यम से लाग्रांज ने बीजगणितीय संख्याशास्त्र (Algebraic Number Theory) की आधारशिला रखी।

एक विषम अभाज्य p के लिए फर्मा ने निम्न तीन प्रमेय लिखे थे–

$$p = x^2 + y^2 \Leftrightarrow p \equiv 1 \pmod 4 \qquad \text{–(1640)}$$

$$[x = 2,\ y = 3 \text{ then } p = 13 \equiv 1 \pmod 4)]$$

$$p = x^2 + 2y^2 \Leftrightarrow p \equiv 1 \text{ or } 3 \pmod 8 \qquad \text{–(1654)}$$

$$x = 3,\ y = 2 \text{ then } p = 17 \equiv 1 \pmod 8)$$

$$x = 5,\ y = 3 \text{ then } p = 43 \equiv 3 \pmod 8)$$

$$p = x^2 + 3y^2 \Leftrightarrow p \equiv 1 \pmod 3 \qquad \text{–(1654)}$$

$$x = 2,\ y = 3 \text{ then } p = 31 \equiv 1 \pmod 3)$$

लाग्रांज ने न केवल इन प्रमेयों को सिद्ध किया अपितु $x^2 + 5y^2$ प्रकार के विषम अभाज्यों के लिए भी स्थितियों को स्पष्ट किया। इन्हीं वर्षों में उन्होंने वह परिणाम भी प्राप्त किया जो ग्रुप-थ्योरी में लाग्रांज प्रमेय के नाम से जाना जाता है। उन्होंने समीकरणों के मूलों के संख्यात्मक सन्निकट मान को विततं भिन्नों के माध्यम से व्यक्त करने की प्रविधि पर भी कार्य किया।

- 1786 में फ्रेडरिक के निधन के बाद, वे फ्रांस के सम्राट लुई–16वें के निमंत्रण पर पेरिस की विज्ञान अकादमी में आ गए। लगभग इसी समय दो घटनाएँ हुईं। एक तो उनका मन गणित से विरक्त हो गया, दूसरे 1788 में उनकी विश्व-विख्यात कृति–वैश्लेषिक यांत्रिकी (Mechanique Analytique) का प्रकाशन हुआ। परंतु गणित से विरक्त उनके मन और थके हुए मस्तिष्क ने उन्हें अपनी ही इस कृति को खोलकर देखने तक की इजाजत नहीं दी। लगभग दो वर्षों तक यह पुस्तक लेखक के हाथों के स्पर्श की प्रतीक्षा में टेबल पर पड़ी रही। इसमें एक गतिशील निकाय के लिए गति के समीकरण हैं, जिन्हें लाग्रांज समीकरण के नाम से जाना जाता है। अत्यंत सुदृढ़ और परुष से सुसज्जित इस ग्रंथ में एक भी ज्यामितीय आकृति नहीं है–और लेखक को इस उपलब्धि पर गर्व था। होमर और वर्जिल लाग्रांज के प्रिय कवि थे।

संभवतया उन्हीं के प्रभाव के कारण लाग्रांज के इस ग्रंथ में काव्यात्मकता पाई जाती है। सुप्रसिद्ध गणितज्ञ सर विलियम रोबेन हेमिल्टन के शब्दों में यह "गणित के शेक्सपियर का वैज्ञानिक काव्य है।"

दो वर्षों का यह समय लाग्रांज ने तत्वमीमाँसा, धर्म, दर्शनशास्त्र, इतिहास, चिकित्साशास्त्र, वनस्पतिशास्त्र और रसायनशास्त्र के अध्ययन में बिताया। रसायनशास्त्र के लिए वे कहते थे कि–यह तो बीजगणित जैसा ही सरल विषय है।

- पेरिस में रहते हुए उन्होंने राज्यक्रांति को देखा। क्रांति के दौरान उनके साथ सम्मानजनक व्यवहार किया गया। सारे विदेशियों को देश से बाहर जाने के आदेश में उनके नाम के उल्लेख के साथ उन्हें इससे छूट दी गई थी। उन्हें नाप-तौल की प्रणाली तय करने की समिति का अध्यक्ष बनाया गया और उनके ही प्रयासों से मीट्रिक प्रणाली अपनाई गई।

क्रांति की उथल-पुथल ने उनके मन और मस्तिष्क को झकझोरा और वे फिर गणित की ओर प्रवृत्त हुए।

अचानक ही उनके एकाकी जीवन में वसंत आया। 19 वर्ष की एक तरुणी 56 वर्ष के इस वृद्ध गणितज्ञ पर रीझ गई। यह युवती लाग्रांज के खगोलविद् गणितज्ञ मित्र ल मॉनिए (Le monnier) की पुत्री रेने-फ्रान्कवा एडेलेड ल मॉनिए थी। 1792 में दोनों विवाहसूत्र में बँध गए। लाग्रांज की नई जीवन संगिनी एक समर्पित और योग्य पत्नी साबित हुई। उनका शेष जीवन सुख से बीता।

1795 में इकोले नार्मल की स्थापना हुई। नए प्रशासन ने लाग्रांज को वहाँ गणित का प्राध्यापक नियुक्त किया और लाग्रांज पुनः 'नार्मल' होकर गणित में रुचि लेने लगे। इसी संस्था में उनके व्याख्यानों से दो पुस्तकें तैयार हुईं–

Theory of Analytic Functions (1797), और *Lessons on Calculus of Functions* (1801)

इन्हीं पुस्तकों में लाग्रांज ने $f'(x), f''(z),....$ के संकेत का उपयोग किया है और यहीं टेलर की श्रेणी में आए लाग्रांज अवशेष को परिभाषित किया गया है।

- वे एक शांत और संतुलित मिजाज के व्यक्ति थे, जो अपनी शालीनता और गणितीय निष्ठा के लिए जाने जाते थे। स्वभाव से ही वे विवादों से दूर रहते थे। दिलांबर को अपने एक पत्र में उन्होंने लिखा था : "प्रत्येक स्थिति में शांति, युद्ध से बेहतर है।" वे निःस्पृह और विरक्त प्रकृति के व्यक्ति थे। संगीत में उनकी

रुचि थी। वे कहा करते थे कि संगीत मुझे गणित के लिए एकाग्रता देता है।

1778 में अपनी मृत्यु के पूर्व वाल्तेयर ने कहा था–"भाग्यशाली हैं युवक! वे महान घटनाओं के साक्षी होंगे।" और युवकों ने न केवल एक महान परिवर्तन को देखा, अपितु उसमें अपनी सहभागिता भी अंकित की। 1789 में बेसिल के पतन के साथ ही फ्रांस की राज्यक्रांति की शुरुआत हुई। जहाँ अमेरिकी क्रांति ने राष्ट्र का प्रथम प्रारूप प्रस्तुत किया, वहीं फ्रांसीसी राज्यक्रांति ने राष्ट्रीयता और राष्ट्रवाद की नई संकल्पनाओं को जन्म दिया। इस क्रांति ने एक ज्वालामुखी की तरह फूटकर सारे यूरोप को अपनी चकाचौंध से चमत्कृत कर दिया था। परंतु ज्वालामुखी एकदम से ही नहीं फूट पड़ते और क्रांतियाँ भी यकायक एक रात में नहीं हो जातीं। फ्रांस की राज्यक्रांति की पृष्ठभूमि भी अत्यंत विस्तृत और व्यापक है। क्रांति के कुछ समय बाद ही उग्रवादी हस्तक्षेप बढ़ता गया। आतंक के साम्राज्य ने समता, स्वतंत्रता और बंधुत्व के महान उद्देश्यों को आच्छादित कर लिया। यह गणतंत्र के पतन की और प्रतिक्रांति की शुरुआत थी। 1804 में नेपोलियन ने अपने को फ्रांस का सम्राट घोषित कर दिया। सत्ता परिवर्तन के दौर में भी शैक्षिक और वैज्ञानिक गतिविधियाँ जारी रहीं। कोन्दोर्से (Condorcent : 1743-94), मोंगे (Monge : 1746-1818), लाप्लास (Laplace : 1749-1827), लिजान्द्र (Legandre : 1752-1833), कार्नोत (Carnot : 1753-1823) और लाग्रांज जैसे प्रसिद्ध गणितज्ञ परिवर्तन के इस युग में भी सक्रिय थे।

क्रांति के समर्थक कोन्दोर्से का दुखद अंत हुआ। वे उग्रवादियों के विरोध के कारण पकड़े गए, जेल भेजे गए, जहाँ उन्होंने आत्महत्या कर ली। मृत्यु के पूर्व उन्होंने अपनी प्रसिद्ध कृति–'स्केच फॉर ए हिस्टॉरिकल पिक्चर ऑफ द प्रोग्रेस ऑफ द ह्यूमन माइंड' पूरी की। वे एक सुयोग्य गणितज्ञ और सांख्यिकीविद् थे। स्वभाव से वे अन्याय के विरोधी थे और शिक्षा को सामाजिक उत्थान की प्रथम सीढ़ी मानते थे। "मैं सम्राटों का अनम्य शत्रु हूँ"–कोन्दोर्से कहा करते थे। वे एक सैनिक, राजनीतिज्ञ, कवि और ज्यामितीकार थे। 1793 में यूरोप की जनतंत्र विरोधी प्रतिक्रियावादी ताकतों की एक विशाल सेना को पराजित करने में उन्होंने संगठनकर्ता की महत्वपूर्ण भूमिका निभाई थी। कोन्दोर्से की भाँति मोंगे भी अपनी राजनैतिक प्रतिबद्धताओं के लिए विख्यात थे। वे क्रांति के बाद प्रतिक्रांति से गुजरते हुए नेपोलियन के निकट पहुँचे थे–पर अंत में निर्वासित जीवन ही उनकी नियति में था। वे डिसक्रिप्टिव ज्यामिती (Descriptive Geometry) के प्रणेता थे। नेपोलियन के पतन के उपरांत ही उनके भी बुरे दिन शुरू हो गए। उनके सारे सम्मान छीन लिये गए। उनकी मृत्यु पर पॉलीटेक्नीक के विद्यार्थियों

को उनकी शवयात्रा में शामिल होने की अनुमति नए सम्राट द्वारा नहीं दी गई। पर वे सब दूसरे दिन पंक्तिबद्ध होकर उनकी समाधि पर श्रद्धांजलि देने एकत्र हुए, क्योंकि राजाज्ञा में केवल शवयात्रा के निषेध का ही उल्लेख था। नेपोलियन ने जब अपने को सम्राट घोषित किया था तब इन्हीं विद्यार्थियों ने उसका जमकर विरोध किया था। तब नेपोलियन ने कहा था : 'मोंगे! तुम्हारे लड़कों ने मेरे खिलाफ मोर्चा खोल दिया है।' मोंगे ने उत्तर दिया–'महोदय! उन्हें जनतंत्रीय (रिपब्लिकन) बनाने में हमें काफी मेहनत करना पड़ी थी। अब उन्हें साम्राज्यवादी (रॉयलिस्ट) बनने में कुछ वक्त तो लगेगा ही। और मुझे यह भी कहने की अनुमति दें कि आप भी सिंहासन पर अचानक ही आ गए हैं।' लाप्लास अपनी अवसरवादिता के कारण प्रशासन के हर युग में महत्वपूर्ण बने रहे। खगोल-यांत्रिकी पर उनका युगांतकारी कार्य पाँच खंडों में प्रकाशित हुआ था। उनके अंतिम शब्द थे : 'जो हम जानते हैं वह अत्यंत अल्प है पर जो हम नहीं जानते वह विराट है।' लिजान्द्र राजनैतिक रूप से उदासीन थे। परंतु विज्ञान अकादमियों में राज्य के बढ़ते हुए हस्तक्षेप के विरोध के कारण उनकी पेंशन बंद कर दी गई थी। उनके जीवन के अंतिम दिन आर्थिक तंगी के थे।

- इन सब में लाग्रांज ने ही निर्बाध रूप से अपनी गणितीय प्रतिभा के बल पर सम्मान अर्जित किया। जहाँ वे फ्रेडरिक महान, लुई–16वें और मेरी अंतानिओ के कृपापात्र थे तो वहीं क्रांति के सूत्रधारों ने उनकी गणितीय प्रतिभा का भरपूर उपयोग किया और बाद में नेपोलियन ने भी उनको उचित सम्मान दिया। नेपोलियन ने उन्हें सीनेटर बनाया, साम्राज्य के काउंट की पदवी दी और सेना के अधिकारी की सम्मानजनक नियुक्ति दी। नेपोलियन उन्हें गणित विज्ञान का उत्तुंग सूची-स्तंभ (Lofty pyramid of the mathematical sciences) कहा करता था।

वे जन-साधारण तक गणितीय ज्ञान को पहुँचाने के पक्षधर थे। वे कहा करते थे कि–यदि एक गणितज्ञ आम आदमी को अपनी बात नहीं समझा सकता तो इसका अर्थ है कि उसने अपने ही विषय को ठीक से नहीं समझा है। उनका यह भी मानना था कि बीजगणित और ज्यामिती की जुगलबंदी से दोनों ही विधाओं को नई ऊर्जा मिलती है और ये संयुक्त रूप से गणित की श्रेष्ठतम उपलब्धियों को जन्म देंगी।

जीवन में अंतिम वर्षों में उन्होंने अपने ग्रंथ–Mechanique Analytique को संशोधित और परिष्कृत किया, जो दो खंडों में प्रकाशित हुआ।

- 1813 में वे बीमार पड़े। 8 अप्रैल, 1813 को उनके कुछ मित्र उनके लिए The Grand Cross of the Order of Reunion का राजकीय सम्मान लेकर आए, तब उन्होंने कहा था–

    मृत्यु का भय नहीं होना चाहिए। कष्टरहित मृत्यु एक अंतिम उत्सव है जो निश्चित ही दुखपूर्ण नहीं है। मैंने जीवन में बहुत कुछ पाया। मैंने कभी किसी से घृणा नहीं की और न ही किसी को दुख दिया। यह मेरा अंतिम समय है।

  इसके ठीक दो दिन बाद 10 अप्रैल, 1813 को उनकी मृत्यु हुई। वे अपने विशाल और मौलिक योगदान के साथ-साथ अपने कार्यों में लालित्य और उत्कृष्टता के लिए हमेशा याद किए जाएँगे।

गाउस

गाउस

कौन जानता है
कब यह यात्रा शुरू होगी
और, कहाँ समाप्त होगी
कौन जानता है?
एक यात्रा की समाप्ति
दूसरी की शुरुआत है
शुरुआत है
एक एकाकी यात्रा की
इस विराट अज्ञात में।

कार्ल फ्रेडरिक गाउस (Carl Freidrich Gauss : 1777-1855) की 78 वर्षीय दीर्घ और एकाकी गणितीय यात्रा, एक युग की समाप्ति और एक नए युग का प्रारंभ है। न्यूटन और आर्किमीदीज के साथ उनकी गणना संसार के सार्वकालिक महान गणितज्ञों में की जाती है। उन्हें गणित में सर्वजनीन ज्ञान रखने वाले गणितज्ञ के रूप में भी जाना जाता है। उनके पश्चात किसी भी गणितज्ञ की समझ का क्षितिज उनके समान व्यापक नहीं हो सका। उन्हें 'गणितज्ञों का राजकुमार' भी कहा जाता है। उन्होंने अपने कार्यों से शुद्ध और प्रायोज्य गणित के साथ-साथ खगोलिकी, भौमिकी और भौतिकी को समृद्ध किया है। चुंबकीय अभिवाह घनत्व की एक इकाई उनके नाम से जानी जाती है।

फ्रेंच कवि और चिंतक स्टीफेन मलार्मे ने लिखा है :

जीनियस, जैसा कि हर जगह होता है, उजाड़ या छोड़ी हुई जगहों को प्रक्षेपित नहीं करता है, उल्टे वह एक व्यवस्था कायम करता है और कई कमतर संरचनाओं के प्रशंसनीय समापन से; खंभोंवाले बरामदे, फव्वारे, मूर्तियाँ जो अध्यात्मिक रूप से कहें, एक निर्विघ्न प्रासाद की समष्टि रचती हैं जो हममें से हरेक के राजसीपन के लिए खुला है।

गाउस की जीनियस प्रवृत्ति में भी अध्यात्मिक भव्यता और राजसी वैभव दिखाई पड़ता है। उनका कार्य इतना मौलिक है कि 150 वर्षों के उपरांत आज भी अग्रगामी प्रतीत होता है। उन्होंने अपने कार्यों से एक नई व्यवस्था कायम की और नई संरचनाओं को परिभाषित किया। उनका व्यक्तिगत जीवन बहुत सुखी नहीं था। फ्रांस की राज्यक्रांति की उथल-पुथल और जर्मनी में आंदोलनों की पृष्ठभूमि में उनका जीवन आर्थिक असुरक्षा और राजनैतिक अस्त-व्यस्तताओं से भरा हुआ था। गणित में उन्हें कोई सहयोगी या सह-शोधार्थी नहीं मिला, फलस्वरूप जीवन भर वे एकाकी ही कार्य करते रहे। पिता का कठोर अनुशासन, पहली पत्नी की शीघ्र मृत्यु, दूसरी पत्नी की अस्वस्थता और पुत्रों से असहज संबंधों ने उन्हें पारिवारिक सुख से लगभग वंचित ही रखा। इन कठिन परिप्रेक्ष्यों में, उनकी दीर्घ और समृद्ध सक्रियता हमें आश्चर्यचकित करती है। फेलिक्स क्लाइन ने 'Development of Mathematics in the 19th Century' में गाउस की सृजनात्मक क्षमताओं के संदर्भ में लक्ष्य की ओर चलने की उनकी हठधर्मिता और उतावलेपन की तीव्रता का विशेष रूप से उल्लेख किया है। 2 सितंबर, 1808 को वोल्फगांग बोल्याई को लिखे पत्र में, गाउस ने अपनी मानसिक बुनावट और सृजन-प्रक्रिया की ओर इंगित करते हुए लिखा था :

> ज्ञान अर्जित कर लेने की बनिस्बत सीखने की ललक, प्राप्त कर लेने की बजाय वहाँ तक पहुँचने की यात्रा में ही श्रेष्ठतम आनंद है। मैं, जब एक विषय को पूरा समझ लेता हूँ, तो उससे दूर हो जाता हूँ–फिर किसी अज्ञात की ओर। कितना अजीब होता है, एक जिज्ञासु! यदि वह एक संरचना को पूरी करता है, तो इसलिए नहीं कि वह उसमें शांतिपूर्वक विचरण कर सके, अपितु इसलिए कि वह दूसरी शुरू कर सके। मैं कल्पना करता हूँ कि विश्व-विजेता ऐसा ही सोचते हैं, जो एक साम्राज्य को जीतने के तुरंत बाद ही दूसरे को जीतने का अभियान प्रारंभ कर देते हैं।

सही अर्थों में वे एक जिज्ञासु, अनथक यात्री और एक विजयी योद्धा थे।

कार्ल फ्रेडरिक गाउस का जन्म 30 अप्रैल, 1777 को जर्मनी के ब्रुन्सविक शहर में हुआ था। अच्छा स्वास्थ्य उन्होंने पिता की ओर से और तीक्ष्ण बुद्धि अपनी माँ के परिवार से विरासत में पाई थी। उनकी माँ डोराथिया एक अर्धशिक्षित परंतु सरल हृदय की खुशमिजाज और समझदार महिला थीं। इसके विपरीत उनके पिता गेभर्ड डिट्रिच गाउस–व्यवहार में रूखे, कठोर अनुशासन वाले, दबंग व्यक्ति थे। वे माली और राजमिस्त्री का काम करते थे। डोराथिया को अपने इस एकमात्र पुत्र पर बड़ा गर्व था और अपनी आँखों में उन्होंने उसके लिए कई सपने सजा रखे थे। वे 97 वर्षों तक

जीवित रहीं और आयु के अंतिम 22 वर्ष उन्होंने अपने विख्यात पुत्र के साथ बिताए।

बचपन से ही गाउस अत्यंत मेधावी और विलक्षण बुद्धि के थे। उनकी प्रतिभा से प्रभावित होकर ब्रुन्सविक के ड्यूक कार्ल विलहेल्म फर्डिनांड ने उनके अध्ययन के लिए छात्रवृत्ति की व्यवस्था कर दी। 1795 में उन्होंने गॉटिंगन विश्वविद्यालय में प्रवेश लिया और गणित का अध्ययन किया। 1798 में वे ब्रुन्सविक लौट आए। 1799 में, उन्होंने हेल्मस्टेड्ट विश्वविद्यालय से बीजगणित के मूलभूत प्रमेय की उपपत्ति पर लिखे अपने प्रबंध पर 'डॉक्टर' की उपाधि प्राप्त की। 1801 में उनकी कृति– Disquisitiones arithmeticae प्रकाशित हुई। 500 से भी अधिक पृष्ठों में फैली यह कृति मूलतः संख्या-शास्त्र पर केंद्रित है। इसमें सर्वांग समता को परिभाषित करते हुए द्विघाती अवशेषों संबंधी नियम, एक वृत्त के विभाजन की समस्या, और पूर्णांकों का $am^2 + bmn + cn^2$ के रूप में निरूपण–जैसे अनेक विषयों पर विस्तार से विवेचना की गई थी। गाउस ने द्विघाती पारस्परिकता का नियम भी सिद्ध किया। इसे वे अपनी एक महत्वपूर्ण उपलब्धि मानते थे। अपने जीवनकाल में उन्होंने इसे सात विभिन्न विधियों से सिद्ध किया था। फेलिक्स क्लाइन ने लिखा है :

> Disquisitiones में गाउस ने सही अर्थों में आधुनिक संख्या-शास्त्र की रचना की है और उसके भावी विकास का मार्ग सुनिश्चित किया है। इस उपलब्धि पर हमारा आश्चर्य तब और बढ़ जाता है, जब हम यह देखते हैं कि, बिना किसी बाह्य प्रोत्साहन के, गाउस ने यह पूरी संरचना स्वयं की है।

लाग्रांज और लाप्लास जैसे गणितज्ञों ने इसकी भूरि-भूरि प्रशंसा की। इस कृति से उनकी गणना यूरोप के श्रेष्ठ गणितज्ञों में की जाने लगी।

1796 में गाउस ने एक 17-भुजीय नियमित बहुभुज की ज्यामितीय रचना की। यह एक वृत्त को 17 बराबर भागों में विभाजित करने की समस्या का हल था। Disquisitiones में गाउस ने अपनी इस खोज का उल्लेख किया है। उन्होंने यह भी दर्शाया कि–

(i) यदि हम एक वृत्त को p बराबर भागों में विभाजित कर सकते हैं, तो उसे $2^K.p$ बराबर भागों में बाँटा जा सकता है।

(ii) यदि हम एक वृत्त को p_1 बराबर भागों में और p_2 बराबर भागों में विभाजित कर सकते हैं, (p_1, p_2 भिन्न अभाज्य संख्याएँ हैं) तो उसे $p_1 \cdot p_2$ बराबर भागों में भी विभाजित किया जा सकता है।

गाउस ने अपने निष्कर्षों को एक प्रमेय के माध्यम से व्यक्त किया–

प्रमेय– यदि n के सभी अभाज्य गुणनखंड पृथक फर्मा अभाज्य संख्याएँ हों, तो एक n-भुजीय नियमित बहुभुज की ज्यामितीय रचना संभव है।

फर्मा संख्याओं को सूत्र–

$$F_K = 2^{2^K} + 1, (K = 0, 1, 2, 3, 4, 5, ...)$$

से व्यक्त किया जाता है।

$$F_0 = 3,\ F_1 = 5,\ F_2 = 17,\ F_3 = 257,\ F_4 = 65537$$

फर्मा का विश्वास था कि उनके सूत्र से सदा ही अभाज्य संख्याएँ प्राप्त होंगी। पर यह सत्य नहीं है।

$$F_5 = 4294967297 = 641 \times 6700417$$

रेशलेट (Rechelot) ने 1832 में एक 257-भुजीय नियमित बहुभुज की रचना की। जे. हर्म्स (J. Hermes) ने 65537-भुजीय नियमित बहुभुज की रचना संबंधी अपनी पांडुलिपियाँ गॉटिंगन विश्वविद्यालय को सौंप दी हैं–जहाँ वे प्रदर्शित की गई हैं। 257 और 65537 दोनों ही फर्मा अभाज्य संख्याएँ हैं।

10 जुलाई, 1796 को अपनी डायरी में गाउस ने लिखा–

** EYPHKA $\quad num = \Delta + \Delta + \Delta$

यहाँ गाउस ने संकेतों में लिखा है कि उन्होंने प्रत्येक धनात्मक पूर्णांक m को तीन त्रिभुजीय संख्याओं के योग के रूप में व्यक्त किए जाने के फर्मा के अनुमान (1638) की उपपत्ति प्राप्त कर ली है। गाउस के अनुसार–

$$m = \frac{n_1^2 + n_1}{2} + \frac{n_2^2 + n_2}{2} + \frac{n_3^2 + n_3}{2}$$

अर्थात $\quad 8m + 3 = (2n_1 + 1)^2 + (2n_2 + 1)^2 + (2n_3 + 1)^2$

बाद के वर्षों में ड्रिख्ले ने भी इसे सिद्ध किया था।

जनवरी 1801 में इतालवी खगोलज्ञ पियाज्जी ने आकाश में एक नए पिंड की खोज की–यह एक क्षुद्र ग्रह था जिसे सिरेस (फसल की देवी) नाम दिया गया। अभी पियाज्जी ठीक से उसका पथ भी निर्धारित नहीं कर पाए थे कि सिरेस आकाश में खो गया। गाउस ने दीर्घवृत्तीय सन्निकटनों और लीस्ट स्कवेयर प्रविधियों का उपयोग करते हुए इसकी कक्षा निर्धारित की। इसके आधार पर एक वर्ष के उपरांत सिरेस को पुनः खोज निकाला गया। इस उपलब्धि में उनका नाम पूरे यूरोप में फैल गया। इसी दशक में उन्होंने अन्य खगोलीय गवेषणाएँ कीं, जिनकी समग्र अभिव्यक्ति 1809 में प्रकाशित उनके ग्रंथ–Theoria motus corporum coelestium in sectionibus conics solem ambientium (शांकव-काटों के पथों में सूर्य की परिक्रमा करने वाले खगोलीय पिंडों की गति का सिद्धांत) में हुई है। इस ग्रंथ में पिंडों (ग्रहों, क्षुद्र ग्रहों और धूमकेतु) की गतियों का व्यापक गणितीय विश्लेषण किया गया है।

9 अक्तूबर, 1805 को गाउस ने योहाना एलिजाबेथ रोजीना ऑस्टाफ से विवाह किया। बोल्याई को 28 जून, 1804 को अपने पत्र में गाउस ने भावुकता के साथ लिखा था :

> जैसी मैं अपनी जीवन संगिनी चाहता था, योहाना ठीक वैसी ही है। मेडोना जैसा सुंदर मुख, आत्मिक शांति और स्वास्थ्य की प्रतिरूप, सहृदय, आकर्षक आँखें, निर्दोष आकृति के साथ उज्ज्वल मस्तिष्क, संभाषण-पटु पर इन सबसे कहीं श्रेष्ठ है उसकी देवदूतों जैसी शांत, निरभ्र, विनम्र और पवित्र आत्मा, जो कभी किसी को भी हानि नहीं पहुँचा सकती।

गाउस अपनी पहली पत्नी को बहुत प्रेम करते थे। 1809 में उसकी मृत्यु उनके लिए बहुत बड़ा आघात थी। जीवनपर्यंत वे इस सदमे से उबर नहीं पाए। उनकी दूसरी पत्नी किंचित असहिष्णु थीं और वे अस्वस्थ भी रहती थीं।

गाउस के संरक्षक ड्यूक फर्डिनांड एक सहृदय और विद्यानुरागी शासक थे। 70 वर्ष की आयु में उन्होंने नेपोलियन के विरुद्ध प्रूशियन सेनाओं का नेतृत्व किया। इस युद्ध में उनकी पराजय हुई और 10 नवंबर, 1806 को उनकी मृत्यु हुई। इसके उपरांत अपने लिए कोई दूसरा आश्रय ढूँढ़ना गाउस के लिए आवश्यक हो गया था। उन्होंने गॉटिंगन की वेधशाला के निदेशक का पद स्वीकार कर लिया। 1807 में सपरिवार गॉटिंगन आ गए। अपने जीवन के शेष वर्ष उन्होंने यहीं व्यतीत किए–जहाँ 23 फरवरी, 1855 को उनका निधन हुआ।

ऋणात्मक संख्याओं के वर्गमूल की कठिनाइयों का उल्लेख कार्दानो ने किया था। राफेल बाम्बेली (Rafael Bombelli : 1526-1573) ने अपनी कृति Algebra में इस नए विचार की गणितीय विवेचना का समावेश किया। दुर्भाग्य से जिस वर्ष उनकी यह पुस्तक प्रकाशित हुई, उसी वर्ष उनकी मृत्यु हुई। काल्पनिक संख्याओं के बीजगणितीय गुणों को एक पद्य के रूप में निम्न प्रकार से व्यक्त किया गया–

Piu di mono via piu di meno fa meno
Piu di meno via meno di meno fa piu
Meno di meno via piu di meno fa piu
Meno di meno via meno di meno fa meno

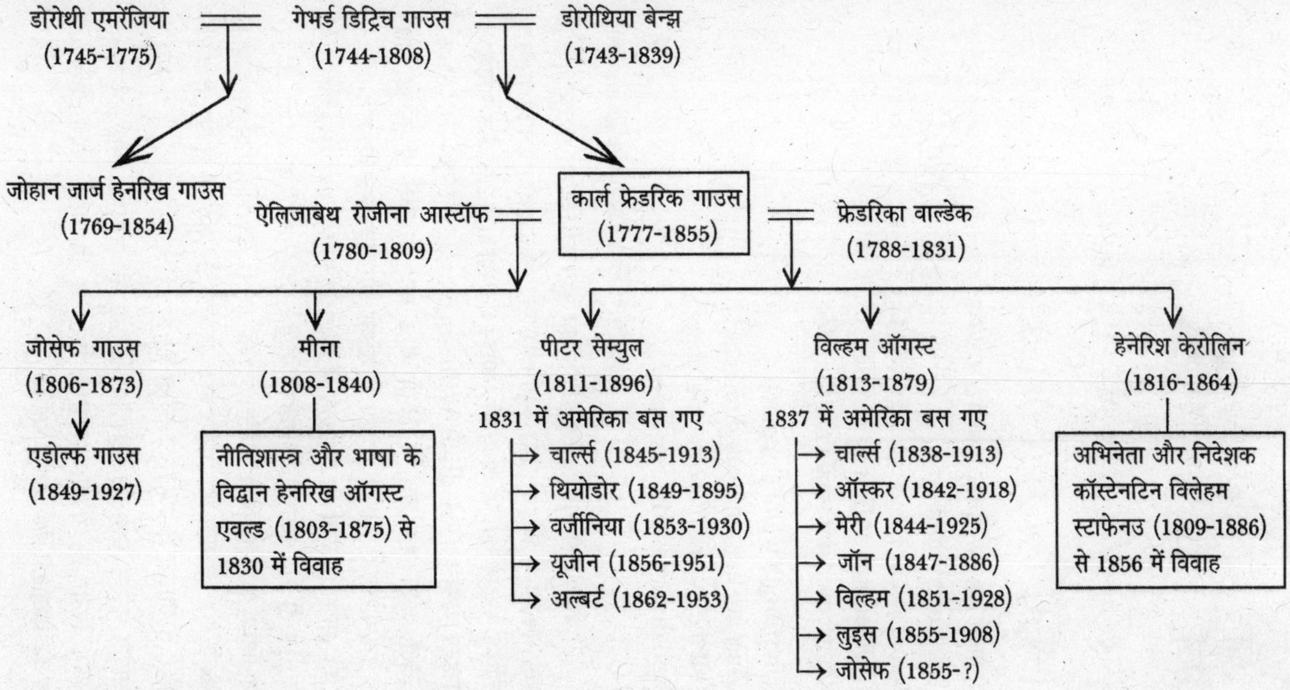

गाउस की परवर्ती पीढ़ियों में कोई भी गणितज्ञ नहीं हुआ। द्वितीय विश्वयुद्ध में उनके कई वंशजों के युद्धबंदी बनाए जाने का उल्लेख मिलता है। गाउस के वंश की शाखाएँ आज जर्मनी, रूस और संयुक्त राष्ट्र अमेरिका में हैं।

अर्थात–

$$\sqrt{-1} \times \sqrt{-1} = i \times i = i^2 = -1$$

$$\sqrt{-1} \times \left(-\sqrt{-1}\right) = i \times (-i) = -i^2 = +1$$

$$\left(-\sqrt{-1}\right) \times \sqrt{-1} = (-i) \times i = -i^2 = +1$$

$$\left(-\sqrt{-1}\right) \times \left(-\sqrt{-1}\right) = (-i) \times (-i) = i^2 = -1$$

इन संख्याओं पर एक रोचक कविता इस प्रकार है–

Imaginary numbers
What strange mathematic wonders
Condemned at first as outlaws
They could not steal your thunder.

They might well be neglected
They are imaginary and rejected
But they work like other numbers
And deserve to be respected.

(संदर्भ : The Parrot's Theorem)

गाउस ने सबसे पहले सम्मिश्र संख्याओं का सुसंगत विवरण प्रस्तुत किया और उन्हें एक समतल में बिंदुओं द्वारा ज्यामितीय रूप से दर्शाया। उन्होंने सम्मिश्र चरों के वैश्लेषिक फलनों का भी अध्ययन किया। इन खोजों का उल्लेख गाउस ने फ्रेडरिक विलहेल्म बेस्सेल (Friedrich Wilhelm Bessel : 1784-1846) को 1811 में लिखे अपने एक पत्र में किया था। बाद के वर्षों में कोशी और वायरस्ट्रास ने इन परिणामों को स्वतंत्र रूप से खोजा और प्रकाशित किया।

गाउस को अपने निष्कर्षों के प्रकाशन में कोई रुचि नहीं थी। एक प्रकार से वे इससे उदासीन ही थे। दीर्घवृत्तीय फलनों में वे 1796 से रुचि ले रहे थे–पर उन्होंने अपना कार्य प्रकाशित नहीं किया। उनकी डायरी की प्रविष्टियों से इसकी जानकारी मिलती है। 30 वर्षों के उपरांत जब आबेल और जेकोबी ने अपना कार्य प्रकाशित किया, तो गाउस ने क्रेल्ले को लिखा था :

> चूँकि आबेल ने इन समस्याओं पर अपनी ओर से अंतर्दृष्टि और उत्कृष्टता का प्रदर्शन किया है, मैं यह महसूस करता हूँ कि मुझे अपने परिणाम बिलकुल ही प्रकाशित नहीं करने चाहिए।

इसी प्रकार अ-यूक्लिडीय ज्यामिती के मूलभूत सिद्धांतों को उन्होंने 1797 से 1802 के वर्षों में भलीभाँति समझ लिया था–पर अपने कार्य को प्रकाशित नहीं किया। इसका श्रेय लोबाचेवस्की, बोल्याई और रीमान को दिया जाता है।

वे अपने कार्य को अत्यंत परिष्कृत और श्रेष्ठतम अभिव्यक्ति देने के पक्षधर थे। उन्होंने उसी कार्य को प्रकाशित किया, जो उनके मानकों में परिपूर्ण था। पर इससे गणित की ही हानि हुई–क्योंकि वे अपने समृद्ध विचारों से अन्य अध्येताओं को बहुत कुछ दे सकते थे।

वे औसत लंबाई और मजबूत कद-काठी के व्यक्ति थे। चौड़ा ललाट, पारदर्शी और भेदक आँखें, रजत-श्वेत केश–कुल मिलाकर उनका व्यक्तित्व प्रभावी था। वे मितभाषी थे। संगीत में उनकी रुचि थी। गणित के अतिरिक्त अध्ययन की उनकी अभिरुचियाँ अत्यंत व्यापक थीं। उन्होंने अरस्तू, प्लेटो, वर्जिल, रूसो, वाल्तेयर और मिल्टन को पढ़ा था। वाल्टर स्कॉट, जोनाथन स्विफ्ट, आलविर गोल्डस्मिथ आदि उनके प्रिय लेखकों में से थे। वे जर्मन लेखक ज्याँ पाल (Jean Paul : 1763-1825) की रचनाएँ विशेष रुचि से पढ़ते और उन्हें उद्धृत भी करते थे।

वे धार्मिक रूप से सहिष्णु थे और उनमें सत्य के प्रति निष्ठा तथा न्याय के प्रति प्रबल आग्रह था। उन्हें 18वीं शताब्दी के अँग्रेज कवि जेम्स थॉमसन की एक कविता–The Seasons बहुत पसंद थी–जिसे वे बार-बार पढ़ते थे। यह कविता उनके विचारों का सही प्रतिनिधित्व करती है। इस कविता की कुछ पंक्तियों का सरल-सा अनुवाद इस प्रकार है–

> हे ज्योतिपुंज, हे जीवन दाता
> इस जग के सकल विधाता
> क्या है शुभ तुम मुझे बताओ
> क्षुद्र स्वार्थ से दूर रखो मुझको
> दंभ, मूर्खता और व्यसनों से मुझे बचाओ
> भर दो मेरी आत्मा को–
> ज्ञान से, सचेतन शांति से, सद्गुणों के शुभ्र प्रकाश से
> पवित्र, चिदानंद और शाश्वत आनंद के वातास से

–और गणित में उन्होंने ऐसा ही सार्थक जीवन जिया।

आबेल

आबेल

आबेल को कोशी, लाग्रांज और रूफनी के निष्कर्षों और प्रविधियों की जानकारी थी। प्रारंभ में आबेल का अनुमान था कि उन्होंने 5-घातीय समीकरण को हल करने में सफलता प्राप्त कर ली है–परंतु शीघ्र ही उन्हें अपनी भूल का एहसास हो गया और इस प्रकार उन्होंने असाधनीयता (insolvability) के अपने प्रमेय की उपपत्ति प्राप्त की। आबेल ने बीजगणितीय फलनों को परिभाषित कर प्रत्येक समीकरण के लिए, उसे संतुष्ट करने वाले एक बीजगणितीय फलन के अस्तित्व की उपस्थिति को सुनिश्चित करने वाले आधार स्पष्ट किए। मृत्यु के वर्ष में प्रकाशित आबेल के कार्यों से यह जाना जा सकता है कि वे किस प्रकार गाल्वा के सिद्धांतों के निकट पहुँचे थे। आबेल का गणित मृत्यु की छाया में किया हुआ एक अद्‌भुत और उज्जवल कार्य है। उसमें विपुलता है, अग्रगामी सूत्र हैं और गणितीय परुषता है। आबेल ने मात्र 27 वर्षों का जीवन पाया था–पर उनके कार्यों में दो शताब्दियों के उपरांत आज भी वैसी ही प्रफुल्लता और प्रेरणा है। आबेल का जीवन-वृत्त आर्थिक विपन्नताओं एवं ख्याति प्राप्त गणितज्ञों के उपेक्षा भाव के शोकगीतों से भरा हुआ एक दुखांत काव्य है, जिसके केंद्र में *डान किखोते* के लेखक सेरवान्तेस का यह कथन है–*Tragedy is all too human* अँग्रेजी के सुप्रसिद्ध कवि जॉन कीट्स की तरह अपनी प्रेमिका का शाश्वत वियोग लिए 27 वर्ष की आयु में उनकी मृत्यु उस समय हुई, जब वे सृजनात्मकता के अपने चरम पर थे।

नार्वे के एक छोटे-से गाँव फिनॉय के धर्मपुरोहित के घर में 5 अगस्त, 1802 को नील्स हेनरिक आबेल का जन्म हुआ। उनकी माँ खुशमिजाज और शौकीन तबियत की अपूर्व सुंदरी थीं। सुंदर चेहरा आबेल ने अपनी माँ से ही पाया और अपनी माँ से

ही उन्हें विरासत में मिली थी–जीवन के प्रति उद्दाम लालसा। अपने पति की मृत्यु के बाद आबेल की माँ का आचरण असंयत, अमर्यादित और उच्छृंखल हो गया था।

इंग्लैंड और स्वीडन के साथ लड़ाइयों के कारण नार्वे की आर्थिक स्थिति वैसे ही जर्जर थी, जिस पर अकाल ने इसे और दयनीय बना दिया था। उधर फ्रांस में गणतंत्र अंतिम साँसें ले रहा था। आबेल के बाल्यकाल के तमाम वर्ष नेपोलियन की विजयगाथाओं के शिलालेख हैं। रूसी साम्राज्य धीरे-धीरे सारे उपमहाद्वीप पर फैल रहा था–तुर्की साम्राज्य छिन्न-भिन्न हो गया था और अँग्रेजों के कब्जे में थी सोने की चिड़िया! यह समय पश्चिम के आक्रामक साम्राज्यवाद के फैलाव और उसके विरोध में गूँज रहे पूर्वीय शंखनादों के अनुगूँज का समय था। ऐसे समय में आबेल का जन्म हुआ था।

नील्स हेननिक के एक पूर्वज मेथियस उत्तर-पश्चिमी प्रांत के कस्बे आबिल्ड से आकर ट्रोनीधाइम में बस गए थे। आबिल्ड के होने के कारण उन्होंने अपने नाम के साथ आबेल लगाना प्रारंभ कर दिया। बस, तभी से यह उपनाम इस परिवार के साथ जुड़ गया।

नील्स हेनरिक के पिता सोरेन जॉर्ज आबेल (1772-1820) ने कोपेनहेगन में शिक्षा प्राप्त की थी, जहाँ दर्शनशास्त्र, भाषाशास्त्र और नीतिशास्त्र उनके विषय थे। सोरेन जॉर्ज एक सक्रिय पुरोहित थे और धार्मिक दायित्वों के अलावा वे सामाजिक उत्थान के अन्य कई कार्य भी रुचिपूर्वक करते थे। अपने पुत्रों को, अत्यंत व्यवस्थित रूप से प्रारंभिक शिक्षा, उन्होंने स्वयं दी थी। क्रिश्चियाना के केथेड्रल स्कूल और विश्वविद्यालय में आबेल ने शिक्षा प्राप्त की। आबेल के जीवन में उनके शिक्षक बर्न्ट माइकेल होमबोए (Bernt Michael Holmboe : 1795-1850) का योगदान उल्लेखनीय है। होमबोए ने आबेल की प्रतिभा को पहचाना, अपनी प्रेरणा से गणित के अध्ययन में अपने शिष्य की रुचि को बनाए रखा और आवश्यक आर्थिक आधारों की भी व्यवस्था की।

1823 में उन्होंने कोपेनहेगन की यात्रा की और वहाँ फर्डीनान्ड डेगेन (Ferdinand Degen : 1766-1825) और इरस्मस जॉर्ज फॉग थुने (Erasmus Georg Fog Thune : 1785-1829) जैसे गणितज्ञों से मिले। आबेल ने यह पाया कि वे इन डेनिश गणितज्ञों से कहीं आगे हैं। उन्हें डेगेन के ज्ञान के विस्तार और व्यापकता ने प्रभावित किया। डेगेन–गणित के साथ विधि, नीतिशास्त्र और दर्शन के विद्वान थे तथा हिब्रू, ग्रीक, लैटिन, रशियन और पोलिश भाषाओं के जानकार थे।

यहीं उनकी मुलाकात क्रिस्टीन केम्प (1804-1862) से हुई, और शीघ्र ही दोनों की सगाई हो गई। पर नियति में कुछ और ही लिखा था। अपनी मृत्यु को

निकट आते देख आबेल ने अपने मित्र–बालात्झार मेथियस कीलहाउ (1797-1858) से अपनी मंगेतर का हाथ थाम, उसे सहारा देने का अनुरोध किया। कीलहाउ ने केम्प को देखा तक नहीं था। 1829 में आबेल की मृत्यु के उपरांत दोनों ने आबेल की इच्छा का आदर करते हुए, विवाह कर लिया।

क्रिश्चियाना वापस आने पर आबेल ने समीकरणों, समाकलनों और दीर्घवृत्तीय फलनों का अपना अध्ययन पुनः प्रारंभ किया। समीकरणों पर अपने कार्य में वे इस निष्कर्ष पर पहुँचे कि एक 5-घातीय समीकरण का बीजीय हल संभव नहीं है। वे फ्रांस और जर्मनी के गणितज्ञों से मिलने को उत्सुक थे। 1825 में उन्हें यात्रा के लिए पर्याप्त राजकीय अनुदान स्वीकृत किया गया। वे गाउस से मिलना चाहते थे। उन्होंने गाउस को अपने एक प्रबंध की प्रति भी भिजवाई थी। परंतु, गाउस ने बिना पढ़े ही उसे 'एक और मूर्खतापूर्ण कार्य' कहकर रद्दी की टोकरी में फेंक दिया। आबेल ने इस अपमान के लिए गाउस को कभी क्षमा नहीं किया। पर, यह निश्चित है कि आबेल के इस कार्य पर गाउस का सामयिक मूल्यांकन, आबेल के जीवन की दिशा ही बदल देता। आबेल, गाउस से नहीं मिले।

बर्लिन में आबेल की मुलाकात आगस्ट लियोपोल्ड क्रेल्ले (August Leopold Crelle : 1780-1855) से हुई–जो एक इंजीनियर और शौकिया गणितज्ञ थे। वे उस समय गणित में एक शोध-पत्रिका प्रकाशित करने की योजना पर काम कर रहे थे।

– क्रेल्ले की शोध-पत्रिका में आबेल के आलेख प्रकाशित हुए–फलस्वरूप पूरे यूरोपीय महाद्वीप में उनकी ख्याति फैल गई।
– क्रेल्ले ने बर्लिन की प्रतिष्ठित विज्ञान-हस्तियों से उनका परिचय कराया।
– क्रेल्ले के प्रयत्नों से ही आबेल को बर्लिन विश्वविद्यालय में नियुक्ति मिली। दुर्भाग्य से तब तक बहुत देर हो चुकी थी। मृत्यु ने एक-दूसरे ही नियुक्ति-पत्र पर अपने हस्ताक्षर कर दिए थे।

ड्रेस्डन, और वेनिस होते हुए वे 10 जुलाई, 1826 को पेरिस पहुँचे। उस समय के पेरिस का क्या कहना? लिजान्द्र, लाप्लास, प्वांसा, ड्रिख्ले, फूरिया और कोशी जैसे गणितज्ञों की उपस्थिति में पेरिस का गौरव किसी साम्राज्ञी से कम नहीं था। फ्रांस के अपने अनुभवों का उल्लेख करते हुए, एक पत्र में उन्होंने लिखा था :

> जर्मनवासियों की तुलना में, विदेशियों के प्रति फ्रेंच अधिक रूखे हैं। उनकी निकटता प्राप्त करना अत्यंत कठिन है।

जब-जब आबेल ने अपने कार्यों की चर्चा करनी चाही तब-तब इन महान गणितज्ञों ने उनका मुँह बंद करते हुए, अपनी उपलब्धियों का एकालाप प्रारंभ कर

दिया। कोशी एक प्रखर गणितज्ञ तो थे पर उसके पहले वे एक आत्मकेंद्रित और अहमन्य व्यक्ति थे। कोशी से मिलकर आबेल निराश हुए। अबीजीय फलनों पर अपना कार्य उन्होंने कोशी को दिखाया। आबेल लिखते हैं कि : 'कोशी ने उसकी तरफ देखा तक नहीं।' अपने इस महत्वपूर्ण कार्य को विज्ञान अकादमी के लिए कोशी के पास छोड़कर वे चले आए। 30 अक्तूबर, 1826 को यह कार्य अकादमी में प्रस्तुत हुआ। लिजान्द्र और कोशी को इसका परीक्षक नियुक्त किया गया। ये लिजान्द्र के जीवन का संध्याकाल था। उनकी सक्रियता लगभग समाप्त हो चुकी थी। वे अतीत की अपनी उपलब्धियों पर मोहित एक शालीन बुजुर्ग थे। उन्होंने उसे नहीं पढ़ा। और कोशी के पास समय ही नहीं था। आबेल की पांडुलिपि कोशी के पास पड़ी रह गई। कोशी इसे रखकर भूल गए। आबेल की मृत्यु के बाद इस पांडुलिपि की खोज के लिए गणित जगत जेकोबी का आभारी है–अन्यथा यह कोशी के घर के किसी कोने में दबी पड़ी रहती। आबेल का यह कार्य 1841 में प्रकाशित हुआ। पेरिस की विज्ञान अकादमी ने इसे गाँ-प्रि पुरस्कार से सम्मानित किया। पर तब तक तो आबेल पुरस्कारों की दुनिया से बहुत दूर जा चुके थे। 27 वर्ष 8 माह की आयु में 6 अप्रैल, 1829 को उनकी मृत्यु हुई। पेरिस में ही उन्हें फेफड़े की टी.बी. हो गई थी।

लगभग 20 माह की विदेश यात्रा के पश्चात वे 20 मई, 1827 को क्रिश्चियाना लौटे। इस अवधि में उन्होंने कई शोध-प्रबंध प्रकाशित किए–जो बहुत महत्वपूर्ण माने जाते हैं। अपने इन आलेखों के कारण उनकी गणना यूरोप के श्रेष्ठ गणितज्ञों में होने लगी। आबेल ने अपने कार्यों द्वारा फलन सिद्धांत, बीजगणित, संख्या-शास्त्र, ग्रुप-थ्योरी और ज्यामिती में नई संभावनाओं का मार्ग प्रशस्त किया। समीकरणों पर कार्य करते हुए, उन्होंने सिद्ध किया कि :

> यदि एक समीकरण के सभी मूल किसी एक मूल x के परिमेय फलनों के रूप में व्यक्त किए जा सकते हों और उसके कोई दो मूल θx और $\theta_1 x$ इस प्रकार हों कि
>
> $$\theta \theta_1 x = \theta_1 \theta x \quad (\theta_1\ \theta_1 \text{ परिमेय फलन हैं})$$
>
> तो समीकरण को करणी (Radicals) के माध्यम से हल किया जा सकता है। आज हम ऐसी संरचनाओं को आबेलियन ग्रुप्स कहते हैं। आबेल का नाम आबेलियन समाकलन, आबेलियन फलन जैसी कई संरचनाओं से जुड़ा हुआ है।

2001 में नार्वे की सरकार द्वारा उनकी स्मृति में अंतरराष्ट्रीय स्तर का एक

आबेल पुरस्कार स्थापित किया गया है। ऐसे किसी पुरस्कार का सुझाव सबसे पहले सोफस ली ने प्रस्तुत किया था।

अभी तक जिन गणितज्ञों को यह पुरस्कार मिला है, उनके नाम इस प्रकार हैं–

- Jean-Pierre Serre — 2003
- Michael Atiyah and I.M. Singer — 2004
- Peter Lax — 2005
- Lennart Carleson — 2006
- S.R.S. Varadhan — 2007
- John G Thompson and Jacques Tits — 2008
- Mikhail L Gromov — 2009
- John Torrence Tate — 2010

इस पुरस्कार के अंतर्गत 60,00,000 नॉर्वेनियन क्रोनर (लगभग एक लाख अमरीकी डॉलर) की धनराशि प्रदान की जाती है। अंतरराष्ट्रीय ख्याति के पाँच गणितज्ञों से बनी आबेल समिति की अनुशंसा पर यह पुरस्कार नॉर्वे की विज्ञान अकादमी द्वारा दिया जाता है।

वर्ष 2011 के लिए यह पुरस्कार स्टोनी ब्रुक विश्वविद्यालय के प्राध्यापक जॉन विलार्ड मिलनर को बीजगणित, ज्यामिती और टॉपालाजी में किये गए उनके कार्यों के लिए प्रदान किया गया। नॉर्वे की विज्ञान अकादमी ने उनके कार्य में गहरी अंतर्दृष्टि और आंतरिक संरचनात्मक सौंदर्य की प्रशंसा करते हुए उसे नई दिशा देने वाला बताया है।

वर्ष 2012 के लिए यह पुरस्कार एन्द्रे ज़ीमेरेडी (Endre Szemeredi) को संख्या शास्त्र, कंप्यूटर विज्ञान और अभ्यतिप्राय सिद्धांत (Ergodic Theory) में किये गए कार्यों के लिए दिया गया।

2013 का आबेल पुरस्कार बेल्जियम के गणितज्ञ पियरे डेलिग्ने (Pierre Deligne) को दिया गया है। इंस्टीट्यूट ऑफ एडवांस्ड स्टडी, प्रिंसटन से संबद्ध 69 वर्षीय डेलिग्ने की गणना 20वीं शताब्दी के अत्यंत प्रतिभाशाली गणितज्ञों में की जाती है। उन्हें यह पुरस्कार बीजीय ज्यामिति में किये गए उनके कार्य और गणित की अन्य विधाओं में उसके प्रभाव की व्यापकता के लिए प्रदान किया गया है। डेलिग्ने को 1978 में वायल के अनुमान पर किये गए कार्य के लिए फील्ड पदक से भी सम्मानित किया जा चुका है।

2014 का पुरस्कार रूसी गणितज्ञ योकोव ग्रिगोरेविच सिनाई (Yokov Grigorevich Sinai) को दिया गया है। वे मास्को स्टेट विश्वविद्यालय के भौतिकी संस्थान के साथ प्रिंसटन विश्वविद्यालय (अमेरिका) के गणित विभाग से भी संबद्ध हैं। वे एक उत्कृष्ट और उत्साहप्रद शिक्षक के रूप में भी जाने जाते हैं। 1997 में उन्हें वॉल्फ पुरस्कार और 2013 में स्टील पुरस्कार से सम्मानित किया जा चुका है। 2009 में उन्हें हेनरी प्वॉकरे पुरस्कार भी प्राप्त हुआ था। आबेल पुरस्कार उन्हें गतिशील निकायों (Dynamical Systems), अभ्यतिप्राय सिद्धांत और गणित भौतिकी में किये गए अपने मूलभूत अनुसंधानों के लिए प्रदान किया गया है।

गाल्वा

सुप्रसिद्ध डेनिश दार्शनिक और विचारक सोरेन कीर्कगार्द ने लिखा है :

"जीनियस झंझावात की तरह होते हैं। वे हवाओं के विपरीत चलते हैं।"

गाल्वा

फ्रेंच गणितज्ञ इवारिस गाल्वा (Evariste Galois : 1811-1832) भी एक झंझावात की तरह आए। उन्होंने प्रचलित धारणाओं को ध्वस्त कर गणित में एक सर्वथा नवीन युग की शुरुआत की। उनके बाद गणित के स्वरूप में व्यापक और अकल्पनीय परिवर्तन संभव हुआ। वे एक जीनियस थे–मौलिक और क्रांतिकारी! उनका सारा कार्य लीक से हट कर है। उनके कार्यों में परंपरा से विचलन की दृढ़ इच्छाशक्ति, गहरा आत्मविश्वास और एक आकर्षक जटिलता है। उनका जीवन इतिहास, यथार्थ, और फेंटेसी का मिला-जुला आख्यान है। रूसी कवयित्री मरीना त्स्वेतायेवा ने रेनर मारिया रिल्के के संबंध में जो शब्द कहे थे, उन्हों ही दोहराते हुए, गाल्वा के बारे में कहा जा सकता है :

"गाल्वा एक मिथ है; गणित के बारे में एक मिथ की शुरुआत।"

21 वर्ष का उनका जीवन पर्याप्त नाटकीयता और औपन्यासिकता से भरपूर है। यही वजह है कि उन पर अब तक तीन फिल्में (दो फ्रेंच में और एक इतालवी में) बन चुकी हैं और कई उपन्यास तथा नाटक लिखे जा चुके हैं। अँग्रेजी में– Leopold Infeld की पुस्तक *Whom the Gods Love : The Story of Evariste Galois*–औपन्यासिक रूप से उनकी जीवनी है, जो बहुत चर्चित हुई है। विश्व की कई भाषाओं में इसका अनुवाद हो चुका है।

गाल्वा ने सीमित समुच्चयों के क्रमचयों और समीकरण के मूलों के सममित फलनों के माध्यम से ग्रुप्स का अध्ययन किया। ग्रुप्स और फील्डस पर 1831 में किया गया उनका कार्य 1843-45 के वर्षों में प्रकाशित हुआ। कोशी और आर्थर केली ने इसका व्यवस्थित विस्तार किया। क्लाइन ने ग्रुप्स को

ज्यामितीय संदर्भ दिए। 1856 में हेमिल्टन और 1882 में डायक (Dyck) ने इसमें नए आयाम जोड़े। डायक ने अपने कार्यों से–काम्बीनटोरियल ग्रुप सिद्धांत को जन्म दिया। गाल्वा के कार्यों का बीजगणितीय और वैश्लेषिक विस्तार सोफस ली के कार्यों में देखा जा सकता है। विगनर और वायल जैसे भौतिकविदों ने इन अवधारणाओं का उपयोग क्वांटम भौतिकी में किया। रसायन विज्ञान एवं स्प्रेटस्कोपी में भी ग्रुपथ्योरी का उपयोग किया जा रहा है। गाल्वा जैसे अनंत संभावनाओं वाले प्रातिभों के लिए ही, शायद फ्रेंच कवि पाल वेलेरी ने कहा था :

> मनुष्य के कार्यों का मूल्य केवल उसके कार्यों में निहित नहीं है, अपितु अन्य परिस्थितियों में दूसरों के द्वारा किये गए परिवर्द्धनों में होता है।

गाल्वा के कार्य का महत्व भी उनके बाद हुए उसके विस्तार में है। इसमें कोई संदेह नहीं कि वे एक असाधारण गणितज्ञ थे। एक द्वंद्व में उनकी मृत्यु हुई, जिसका कारण आज भी रहस्य बना हुआ है।

गाल्वा का जन्म पेरिस के निकट एक गाँव बूर-ल-राइन में 25 अक्तूबर, 1811 को हुआ था। राइन का अर्थ साम्राज्ञी होता है–इसलिए राज्यक्रांति के समय क्रांतिकारियों ने इसका नाम बदलकर बूर-ल-इगेलाइट (Bourg-Ĺ-Egalite—समानता का गाँव) रख दिया था। उनके पिता निकोल गेब्राइल गाल्वा एक शिक्षित, सुसंस्कृत, शालीन और लोकप्रिय व्यक्ति थे। वे नाटक और कविताएँ लिखते थे। 1808 में निकोल ने मेरी से विवाह किया। मेरी भी शिक्षित, बुद्धिमान, उदार और दृढ़ चारित्रिक विशेषताओं की महिला थीं। उन्हें लैटिन भाषा पर असाधारण अधिकार था। 18वीं शताब्दी से ही गाल्वा परिवार गाँव में एक स्कूल चला रहा था। निकोल उसी स्कूल के संचालक थे और गाँव के मेयर भी थे। परिवार की यह पाठशाला नेपोलियन के पराभव के साथ ही बंद हो गई थी। निकोल उदारवादी विचार के थे और तानाशाही तथा निरंकुश शासन के विरोधी थे।

12 वर्ष की आयु तक गाल्वा को उनकी माँ ने घर पर ही शिक्षा दी। 1823 में उन्हें पेरिस के लुई-ग्राँ लाइसे में भर्ती कराया गया। यह एक प्रतिष्ठित संस्थान था। कभी विक्टर ह्यूगो यहाँ के विद्यार्थी रह चुके थे। यहाँ का अनुशासन बहुत कठोर था और हेडमास्टर एक तानाशाह जैसा व्यवहार करते थे। गणित में अपनी रुचि के कारण उन्होंने लिजान्द्र की ज्यामिती पर पुस्तक को आत्मसात किया और लाग्रांज तथा आबेल के कार्यों को पढ़ा। अन्य विषयों में उनकी रुचि नहीं थी। 1827 में उनके शिक्षकों ने उनके बारे में लिखा था :

उसके कार्यों में नया कुछ भी नहीं है। केवल लापरवाही
और अजीब-सी भ्रांतियाँ।
वह हमेशा वही करता है जो उसे नहीं करना चाहिए।
वह दिन प्रतिदिन बिगड़ता जा रहा है।
अन्यमनस्क और गप्पी। खराब आचरण
सोचता है कि कुछ मौलिक कर रहा है।

डेसफोर्जे नाम के शिक्षक ने लिखा–

वह गणित के आकर्षण के प्रभाव में है। इसलिए मेरे विचार से उसके माता-पिता को सलाह दी जानी चाहिए कि वे उसे अपनी सारी शक्ति इसी विषय में लगाने दें। वह यहाँ अपना समय बर्बाद कर रहा है और सिवाय शिक्षकों को चिढ़ाने के और कुछ नहीं कर रहा। वह, उन्हें लगातार दंड देने के लिए विवश करता है।

इस समय तक गाल्वा में नई और मौलिक गवेषणाएँ करने की आश्चर्यजनक क्षमताएँ विकसित हो गई थीं। इस नए गाल्वा को समझ पाना सबके लिए कठिन होता जा रहा था। एक ओर तो उनमें थी अद्‌भुत गणितीय प्रतिभा तो दूसरी तरफ उनकी हठधर्मी और मूर्खताएँ थीं। ई.टी. बेल ने इसीलिए उन्हें प्रतिभा और मूर्खता का अनोखा संगम कहा है।

1828 में वे इकोल पालीटेक्नीक की प्रवेश परीक्षा में बैठे और असफल हुए। वे लुई-ग्राँ में लौट आए। यहाँ उन्होंने लुई-पाल-एमिल रिचर्ड के व्याख्यान सुने। रिचर्ड ने अपने शिष्य की प्रतिभा को पहचाना और उसे प्रोत्साहन दिया। रिचर्ड का जन्म 1785 में हुआ था। वे एक सैनिक अधिकारी के पुत्र थे। बचपन में एक दुर्घटना के कारण हुई अपंगता से वे सेना में प्रवेश के लिए अयोग्य हो गए थे। वे गणित के शिक्षक बन गए। वे एक उत्साही शिक्षक थे और उन्होंने विद्यार्थियों की कई पीढ़ियों को प्रेरणा दी। वेरियर और हर्मिट जैसे गणितज्ञ भी उनके विद्यार्थी रह चुके थे। 54 वर्ष की आयु में उनकी मृत्यु हुई। रिचर्ड की प्रेरणा और प्रोत्साहन से गाल्वा ने समीकरण सिद्धांत पर अपना गवेषणात्मक कार्य किया। इसी समय वितत भिन्नों पर उनका एक शोध-पत्र भी प्रकाशित हुआ और वे गणितज्ञ के रूप में प्रख्यात हो गए।

रिचर्ड की कक्षाओं में गाल्वा एक दूसरे ही विद्यार्थी थे–एकाग्रचित्त और अनुशासित। वे रिचर्ड के दिये हुए प्रश्नों के मौलिक उत्तर लिखते। रिचर्ड ने गाल्वा के ये उत्तर सँभालकर रखे और अपनी मृत्यु के पूर्व ये उत्तर पुस्तिकाएँ उन्होंने

हर्मिट को सौंप दी थीं। ये दस्तावेज आजकल इंस्टीट्यूट दि फ्रांस में रखे हुए हैं।

25 मई, 1829 को विज्ञान अकादमी में कोशी ने गाल्वा का कार्य–Recherches algébriques प्रस्तुत किया। फूरिए, नेवियर और कोशी को इसका परीक्षक नियुक्त किया गया। लगभग एक सप्ताह उपरांत कोशी ने गाल्वा का दूसरा प्रबंध–Recherches sur les équations algébriques de degreé premier प्रस्तुत किया। प्वासों इसके परीक्षक नियुक्त किये गए। कोशी तो प्रबंध को रखकर भूल गए और प्वासों ने निर्णय दिया–कार्य अबोधगम्य है। 1830 में गाँ-प्रि पुरस्कार के लिए गाल्वा ने अपना कार्य विज्ञान अकादमी को सौंपा। तभी अकादमी के सचिव फूरिए की मृत्यु हो गई और बहुपद समीकरणों पर गाल्वा का यह कार्य कहाँ गुम हो गया–पता नहीं। गाल्वा ने एक बार और अपना प्रबंध अकादमी को भेजा।

बदली हुई राजनैतिक परिस्थितियों मे विरोधियों ने गाल्वा के पिता के विरुद्ध मोर्चा खोल दिया। इस तनाव को झेलने में असमर्थ निकोल गाल्वा ने 2 जुलाई, 1829 को आत्महत्या कर ली।

1830 में उन्होंने इकोल नार्मल में प्रवेश लिया। यहाँ उनकी मित्रता ऑगस्ट केवालिए और उनके भाई माइकेल से हुई। दोनों भाइयों ने गाल्वा की राजनैतिक रुचियों को प्रभावित किया। फ्रांस की राजनैतिक परिस्थितियाँ तेजी-से बदल रही थीं। 30 जुलाई, 1830 को पेरिस की दीवारों पर चिपके घोषणा-पत्रों में लिखा था–

> चार्ल्स-X पेरिस वापस नहीं आ सकता। उसने
> जनता का खून बहाया है।
>
> ....
>
> ओरलियन्स का ड्यूक क्रांति को समर्पित है।
> ... वह जनता का राजा है।
> वह फ्रांसवासियों का मुकुट धारण करेगा।

नए सम्राट ने 9 अगस्त को लुई-फिलिप प्रथम की उपाधि धारण की। अपनी उग्रवादी गतिविधियों एवं निदेशक का विरोध करने के कारण गाल्वा को इकोल से निकाल दिया गया। वे नेशनल गार्ड की आर्टीलरी में भर्ती हो गए पर शीघ्र ही इस बटालियन को तोड़ दिया गया। अब उनके पास कोई आर्थिक अवलंबन नहीं रहा। आजीविका के लिए उन्होंने गणित की कक्षा प्रारंभ की–पर वो सफल नहीं हुई। भंग की हुई नेशनल गार्ड के 19 फौजियों ने अपने हथियार जमा कराने से मना कर दिया था। उन पर मुकदमा चलाया गया। वे निर्दोष घोषित किये गए। इनके

स्वागत में और नेशनल गार्ड को भंग किए जाने के विरोध का प्रदर्शन करने के लिए पेरिस के एक रेस्त्राँ में 200 रिपब्लिकन इकट्ठे हुए। अलेक्जेंडर ड्यूमा इस कार्यक्रम में उपस्थित थे। 29 वर्ष के ड्यूमा ने लिखा है :

"शेम्पेन की बोतलों के कार्क तोप के गोलों की तरह उछाले जा रहे थे। उत्तेजना अपने चरम पर थी।"

टोस्ट प्रस्तावित करते हुए, ड्यूमा ने कहा–

"कला के लिए। जिस सामाजिक पुनरुत्थान के लिए हमने अपने जीवन समर्पित किए हैं और मरने को तत्पर हैं, उसके विकास में बंदूक और तलवार के साथ कलम और ब्रश भी उतना ही सहयोग दें।"

गाल्वा भी वहाँ मौजूद थे। अचानक ही उन्होंने अपना जेबी चाकू निकालकर घोषणा की : "राजा लुई-फिलिप के लिए।" दावत में अफरा-तफरी मच गई और ड्यूमा सहित बहुत-से अतिथि वहाँ से शीघ्रता में बाहर चले गए।

दूसरे दिन गाल्वा को पकड़कर जेल में डाल दिया गया। उनके वकील ने दलील दी कि गाल्वा के शब्द थे–"राजा लुई-फिलिप के लिए, यदि वह देशद्रोही बनता है।" न्यायाधीश ने गाल्वा को छोड़ दिया। स्वयं गाल्वा के अनुसार वे उस समय शराब के नशे में थे।

समाचार-पत्रों में इस घटना की चर्चा हुई और गाल्वा के गणितीय कार्यों का उल्लेख करते हुए, उनकी उपेक्षा के लिए विज्ञान अकादमी की निंदा भी की गई। फलस्वरूप अकादमी ने उनकी पांडुलिपि अस्वीकृत करते हुए लौटा दी। गाल्वा पांडुलिपि को पाकर संतुष्ट थे। शैक्षणिक संस्थानों की गरिमा से उनका विश्वास उठ गया था।

लगभग एक माह के बाद उन्हें फिर से गिरफ्तार कर लिया गया। इस बार उन्हें 6 माह की सजा सुनाई गई। 19 अप्रैल, 1832 को उनकी सजा समाप्त हुई और वे जेल से बाहर आए। इसके बाद एक माह की घटनाएँ अस्पष्ट हैं। ठीक-ठीक क्या हुआ होगा–यह कह पाना संभव नहीं है। केवल अनुमान ही अनुमान हैं। कहा जाता है कि मुक्ति के पूर्व उन्हें पेरोल पर डॉ. ड्यूमोटेल के अस्पताल में रखा गया था। यहाँ वे डॉक्टर की पुत्री स्टीफेन से प्रेम करने लगे। स्टीफेन ने उनके प्रेम को स्वीकार नहीं किया। अनुमान किया जाता है कि जिस द्वंद्व में गाल्वा की मृत्यु हुई–उसका कारण स्टीफेन ही थी। यह भी कहा जाता है कि, राजनैतिक प्रतिद्वंद्वियों ने या पुलिस ने गाल्वा को हटाने के लिए द्वंद्व का नाटक रचा हो। द्वंद्व में उनका प्रतिद्वंद्वी कौन था–यह भी ज्ञात नहीं हो सका है।

हाँ–30 मई, 1832 को हुए द्वंद्व के कारण 31 मई की सुबह उनकी मृत्यु हुई। मृत्यु के पूर्व लिखे एक पत्र में उन्होंने अपने 'हत्यारों' को क्षमा करते हुए लिखा था : "I die, the victim of a cruel coquette. ...My life fades away a midst trivial gossip."

ऑगस्ट केवालिए को लिखे अपने पत्र में उन्होंने समीकरण सिद्धांतों पर अपने कार्य का विवरण दिया और लिखा :

> जेकोबी और गाउस से कहना कि वे इस कार्य की सत्यता पर उतना नहीं जितना कि इसके महत्व पर अपने विचार स्पष्ट व्यक्त करें।

उनके कार्य की प्रतियाँ गाउस और जेकोबी को भेजी गईं–दोनों ने कोई प्रतिक्रिया नहीं दी।

फ्रेंच गणितज्ञ Joseph Lioville ने सबसे पहले गाल्वा के कार्यों का अध्ययन किया और उसे अपनी शोध-पत्रिका में प्रकाशित किया। गाल्वा ने समीकरणों के गुणधर्मों के अध्ययन के लिए व्यापक प्रविधियों का सृजन करते हुए ग्रुप की अवधारणा को प्रस्तुत किया।

गाल्वा के सिद्धांत में अभी भी अपार संभावनाएँ छिपी हुई हैं। गणितज्ञों का मानना है कि एक वृहत्तर गाल्वा सिद्धांत की खोज की जाना अभी शेष है। हार्ट क्रेन (Hart Crane) के शब्दों में कहा जा सकता है : Mine is a world foregone though not yet ended.

गाल्वा की यात्रा अभी समाप्त नहीं हुई है।

गाल्वा के उत्तराधिकारी

सोफस ली

सोफस ली

सोफस ली (Sophus Lie : 1842-1899) का जन्म नार्वे के एक कस्बे में 17 दिसंबर, 1842 को हुआ था, जहाँ उनके पिता धर्म पुरोहित थे। उनके प्रपितामह के पिता–लार्स पेडरसन ली-फार्म में घोड़ों की देखभाल करते थे। ली-उपनाम इसके बाद से ही उनके परिवार से जुड़ गया। जनसंख्या एवं चर्च के अभिलेखों से प्राप्त जानकारियों के अनुसार उनका वंश-वृक्ष इस प्रकार है–

पेडर लॉरीड्जेन
↓
लार्स पेडरसन (ली) (मृ. 1768)
↓
एण्ड्रियस ली (1721-1782)
↓
लार्स ली (1770-1829)
↓
जोहान हर्मन ली (1803-1873)
↓
सोफस ली (1842-1899)

सोफस ली के पिता एक लोकप्रिय और उत्साही पुरोहित थे। वे सामाजिक उत्थान और शिक्षा के प्रचार को समर्पित थे। उनके बारे में कहा जाता था–"पहले कभी और न उसके बाद पुरोहिताश्रम वैसा रहा जैसा वह ली के समय में था।"

अच्छी कद-काठी, बलिष्ठ शरीर और मीलों पैदल चलने का शौक सोफस ली ने अपने पिता से पाया था। सोफस ली की पैदल यात्राओं के बारे में एक गीत प्रचलित था, जिसका भाव कुछ इस प्रकार का है–

पीठ पर थैले का लेकर बोझा
बिना प्रयास
चले वह
एक ही डग में मील पचास।

1865 में उन्होंने क्रिश्चियाना (अब ऑसलो) विश्वविद्यालयों से अपनी शिक्षा पूरी की। उस समय तक उन्हें यह भान भी नहीं था कि उनकी नियति में एक महान गणितज्ञ बनना लिखा है। वे एक प्रेक्षणीय खगोलविद बनना चाह रहे थे। उनमें, आकाश की ज्यामिती की व्याख्या करने की प्रतिभा नैसर्गिक थी। उन्होंने पाँसलेट (Ponclet), चेजल्स (Chasles) और प्लकर (Plucker) के ज्यामितीय लेखन को पढ़ना शुरू किया। 1868 के आसपास उन्हें यह प्रतीति हुई कि उनके अंदर एक गणितज्ञ छिपा है। इसी वर्ष उन्होंने यूक्लिड और दकार्ता को पढ़ा। उन्होंने दीर्घवृत्तीय फलनों पर फ्रेंच गणितज्ञों के कार्यों और आबेल के संपूर्ण साहित्य को पढ़ना प्रारंभ किया। उन्होंने प्रक्षेपीय ज्यामिती में काल्पनिक संख्याओं के निरूपण पर मौलिक कार्य किया जो क्रेल्ले के जर्नल में प्रकाशित हुआ।

1869 में स्वीकृत शोध-वृत्ति से उन्होंने जर्मनी, फ्रांस और इटली की शैक्षणिक यात्रा की, प्रसिद्ध गणितज्ञों से मिले, उनके व्याख्यान सुने और व्याख्यान दिए भी। इस प्रवास की एक उपलब्धि थी–फेलिक्स क्लाइन से उनकी मुलाकातें–जो एक स्थायी मित्रता में परिवर्तित हो गई थीं। 1870 में वे नार्वे लौटे। उन्हें क्रिश्चियाना विश्वविद्यालय में पढ़ाने का अवसर मिला। उनके व्याख्यान जीवंत, प्रेरणास्पद, तात्कालिक पटुता से भरपूर और स्वतःस्फूर्त हुआ करते थे। 1871 में उन्हें अपने प्रबंध–Concerning a class of Geometric Transformations पर 'डॉक्टर' की उपाधि मिली। पूरे यूरोपीय महाद्वीप में इस कार्य की प्रशंसा हुई। फ्रेंच गणितज्ञ डरबॉक्स (Darboux) ने इसे ज्यामिती की श्रेष्ठतम उपलब्धि बताया।

1886 में वे लिपजिग में प्राध्यापक के रूप में गए। लिपजिग विश्वविद्यालय की स्थापना 1409 में हुई थी और यह जर्मनी के प्राचीन विश्वविद्यालयों में से एक था। यहाँ कार्य की अधिकता और बौद्धिक श्रम के कारण वे 1889-90 में अनिद्रा और मानसिक थकान के शिकार हो गए। लगभग सात माह तक वे अस्पताल में रहे। बीमारी की इस अवधि में उनकी पत्नी एन्ना ने मनोयोगपूर्वक उनकी देखभाल की। अपने मित्र को पत्र में सोफस ली ने एन्ना की प्रशंसा करते हुए लिखा था :

> एन्ना ने निष्ठापूर्वक मुझे सहारा दिया है। उसने जिस आंतरिक साहस का प्रदर्शन किया है, वह मेरी प्रशंसा के परे है। मैं तो पूरी तरह से टूट चुका था

और मुझे कोई उम्मीद नहीं थी। लेकिन एन्ना और बच्चे मेरे लिए देवदूत थे। एन्ना के साहस के प्रति आश्चर्य को व्यक्त करने के लिए मेरे पास शब्द नहीं हैं। सब कुछ भूलकर वह केवल मेरे बारे में सोचती रही।

1896 में वे वापस नार्वे आ गए, जहाँ 18 फरवरी, 1899 को उनकी मृत्यु हुई।

1873 से उन्होंने सतत समूहों का अध्ययन प्रारंभ किया था। उनका नाम ली-ग्रुप्स और ली-बीजावली से जुड़ा हुआ है। 2000 से भी अधिक पृष्ठों में फैली, उनकी युगांतकारी कृति–*Theorie der Transformations gruppen* तीन खंडों में–1888, 1890 और 1893 के वर्षों में प्रकाशित हुई। स्वयं ली ने इसे अपने जीवन की मुख्य उपलब्धि बताया था। शीघ्र ही ज्यामिती और अवकल समीकरणों के क्षेत्र में ली के सिद्धांतों के व्यापक उपयोग ने बीजगणित के विस्तार को सर्वथा नया आयाम दे दिया। फ्रेंच गणितज्ञ अर्न्स्ट वेसस्वा ने फलनों में इसकी प्रायोज्यता ढूँढ़ निकाली। त्रासा (Tresse) ने सबसे पहले 1892 में 'ली-ग्रुप्स' नामावली का प्रयोग किया। हर्मन वायल ने 1934 में क्वांटम यांत्रिकी के विकास में सममिति से इसे जोड़ते हुए अत्यल्प अधि संरचनाओं को 'ली-अल्जेब्रा' का नाम दिया। विश्व के अनेक गणितज्ञों एवं भौतिकविदों ने ली के सिद्धांतों में छिपी अपार संभावनाओं को अपने शोध कार्यों में अभिव्यक्त किया है। एडुवर्ड स्टडी ने रेखीय बीजगणित में इसकी सुंदर अभिव्यक्ति की है। वेव-थ्योरी, मौसमविज्ञान, यांत्रिकी, इलेक्ट्रॉनिकी और प्रकाशिकी में ली के सिद्धांतों की केंद्रीय भूमिका है।

जीन द्यूदन (Jean Dieudonne) ने 1974 में कहा था–

ली-सिद्धांत आधुनिक गणित में सर्वाधिक महत्वपूर्ण भाग बनने की प्रक्रिया में है। अब यह स्पष्ट है कि अंकगणित से लेकर क्वांटम भौतिकी तक के सारे अप्रत्याशित सिद्धांत, इसी विशाल अक्ष के चारों ओर घूम रहे हैं।

विलेन्किन, टॉलमन और विलार्ड मिलर ने अलग-अलग ली-ग्रुप्स और स्पेशल फंक्शंस पर महत्वपूर्ण पुस्तकें लिखकर ली के सिद्धांतों और प्रविधियों को शोधार्थियों के लिए सुगम और सुग्राह्य बनाया है।

सोफस ली सही अर्थों में गाल्वा के सच्चे उत्तराधिकारी थे। गाल्वा के बाद ली के कार्यों ने ही बीजगणित के फलक का विस्तार करते हुए उसे अप्रत्याशित आकार दिया है, और मूर्त से अमूर्त तक, समीकरणों से संरचनाओं तक सारी संकल्पनाओं को बीजगणित की परिधि में ला दिया है।

ग्रुप-त्रयी : फ्रोबेनियस, बर्नसाइड और होल्डर

1872 में फेलिक्स क्लाइन (Felix Klein : 1849-1925) ने एरलांगेन में ज्यामितियों के एकीकरण के लिए एक महत्वाकांक्षी योजना प्रस्तुत की थी, जो एरलांगेन प्रोग्राम के नाम से प्रसिद्ध है। क्लाइन ने ग्रुप की अवधारणा में अपार संभावनाएँ देखीं और इसलिए उनके इस कार्यक्रम के केंद्र में ग्रुप-थ्योरी थी। इसी वर्ष नार्वे के लुडविग सायलो (Ludwig Sylow : 1832-1918) का एक शोध-पत्र–Théorémes sur les groupes du substitution प्रकाशित हुआ, जिसमें वे उपपत्तियाँ दी गई थीं, जिन्हें आज सायलो प्रमेयों के नाम से जाना जाता है। सायलो, यूरोपीय महाद्वीप में, गाल्वा ग्रुप को पढ़ाने वाले, संभवतया पहले शिक्षक थे। आर्थर केली (Arthur Cayley : 1821-1895) और कैमिल जोर्डान (Camille Jordan : 1838-1922) अन्य प्रसिद्ध गणितज्ञ थे–जो ग्रुप-थ्योरी में सक्रिय थे। संख्या सिद्धांत में रिचार्ड डेडेकिण्ड (Richard Dedekind : 1831-1916) के कार्यों ने भी ग्रुप-थ्योरी में नई संभावनाओं के द्वार खोले। इसके बाद की बीजगणित के विकास कहानी ग्रुप्स के बीजगणित के विस्तार की महागाथा है, जिसमें–**फर्डिनान्ड जार्ज फ्रोबेनियस** (Ferdinand George Frobenius : 1849-1917), **विलियम बर्नसाइड** (William Burnside : 1852-1927) और **ऑटो होल्डर** (Otto Hölder : 1859-1937) का महत्वपूर्ण योगदान रहा है। इन तीनों ने समकालीनता के लगभग चार दशकों तक कार्य करते हुए अपनी उपलब्धियों से बीजगणित को समृद्ध किया। इनके कार्यों में काफी समानताएँ थीं। इनके शोध-पत्रों में एक-दूसरे के कार्यों के प्रतिबिंब स्पष्ट दिखाई पड़ते हैं।

तीनों ने ही गणितीय विश्लेषण और फलन-सिद्धांतों जैसे विषयों से अपनी शोध-यात्रा प्रारंभ की और बाद के वर्षों में ग्रुप-थ्योरी को अपना प्रिय विषय बनाया। तीनों ने ही सायलो प्रमेयों के माध्यम से ग्रुप-थ्योरी में प्रवेश किया। तीनों के ही जीवन में वर्ष 1893 का विशेष महत्व है। इसी वर्ष होल्डर ने p, q, r भिन्न अभाज्य संख्याओं के लिए pq^2, pqr, p^3 और p^4 क्रमों वाले ग्रुप्स के वर्गीकरण पर अपना महत्वपूर्ण कार्य प्रकाशित किया। इसी वर्ष बर्नसाइड ने ग्रुप-थ्योरी पर अपना पहला शोध-पत्र प्रकाशित किया। और इसी वर्ष फ्रोबेनियस–बर्लिन विश्वविद्यालय में प्राध्यापक नियुक्त हुए। इसी वर्ष फ्रोबेनियस तथा बर्नसाइड अपने-अपने देशों की शीर्षस्थ विज्ञान संस्थाओं के फेलो चुने गए। फ्रोबेनियस–प्रूशियन विज्ञान अकादमी के तो बर्नसाइड–रॉयल सोसायटी के।

फ्रोबेनियस और बर्नसाइड के कार्य तो एक-दूसरे से इतने मिलते हुए हैं कि कई

बार यह निश्चय कर पाना कठिन हो जाता है कि कौन-सा परिणाम किसका है। पी. एम. न्यूमन ने अपने एक आलेख और *Groups And Geometry* (1994) नामक अपनी पुस्तक में विशेष रूप से एक प्रमेयिका का–*Not Burnside's Lemma* शीर्षक से उल्लेख किया है। नामों की समानता के कारण विलियम बर्नसाइड को प्रायः भ्रमवश आइरिश गणितज्ञ और डबलिन में गणित के प्राध्यापक विलियम स्नो बर्नसाइड (1839-1920) समझ लिया जाता है और स्नो बर्नसाइड की ए.डब्ल्यू पेटन के साथ लिखी पुस्तक–*Theory of Equations* का श्रेय भी दे दिया जाता है।

आइए, संक्षेप में तीनों के जीवन और कार्यों के बारे में चर्चा करें।

फ्रोबेनियस

फ्रोबेनियस का जन्म बर्लिन के उपनगर शारलोटॉबर्ग में हुआ था। उनके पिता प्रोटेस्टंट पुरोहित थे। उन्होंने बर्लिन विश्वविद्यालय में शिक्षा प्राप्त की थी, जहाँ अर्न्स्ट कुम्मेर (Ernst Kummer : 1810-1893), लियोपोल्ड क्रोनेखर (Leopold Kronecker : 1823-1891) और कार्ल वायरस्ट्रास (Karl Weierstrass : 1815-1897) उनके शिक्षक थे। 1870 में उन्होंने वायरस्ट्रास के मार्गदर्शन में *On the series solution of differential equations* प्रबंध लिखा। 17 वर्षों तक उन्होंने ज्यूरिख में पढ़ाया, फिर वे बर्लिन विश्वविद्यालय में क्रोनेखर की मृत्यु से रिक्त हुए स्थान पर प्राध्यापक बनाये गए। शोध और शिक्षण पद्धतियों में वे प्रूशियन परंपरा के अनुगामी थे और इसी कारण गॉटिंगन की नवाचार प्रवृत्तियों से सहमत नहीं हो पाते थे। उन्होंने एक चर के परिमेय फलनों के गुणांक वाले समीकरणों के बीजीय हलों पर और ग्रुप-रिप्रजन्टेशन थ्योरी पर महत्वपूर्ण कार्य किया।

बर्नसाइड

बर्नसाइड का जन्म 2 जुलाई, 1852 को लंदन के एक स्कॉटिश परिवार में हुआ था। उनकी प्रारंभिक शिक्षा क्राइस्ट हॉस्पिटल के ब्ल्यू कोट स्कूल में हुई। 1871 में उन्होंने सेंट जॉन कॉलेज में प्रवेश लिया। बाद में वे पेमब्रोक कॉलेज के विद्यार्थी रहे, जहाँ 1875 में वे मेथेमेटिकल ट्रायपास के द्वितीय रेंगलर थे। स्मिथ पुरस्कार के अंतर्गत प्राप्त छात्रवृत्ति से उन्होंने पेमब्रोक कॉलेज में 10 वर्षों तक पढ़ाया। 1885 में वे ग्रीनविच के रॉयल नेवी कॉलेज में

प्राध्यापक नियुक्त हुए, जहाँ से 1919 में सेवानिवृत्त हुए। उन्हें नौकायन में भी कुशलता प्राप्त थी और वे एक अच्छे नाविक थे।

21 अगस्त, 1927 को उनकी मृत्यु हुई।

ऑटो होल्डर

ऑटो होल्डर का जन्म 22 दिसंबर, 1859 को हुआ था। उन्होंने स्टुटगार्ट के पॉलीटेक्नीक संस्थान से इंजीनियरिंग की शिक्षा ली थी। 1877 में वे बर्लिन आए, जहाँ वायस्ट्रास और क्रोनेखर के व्याख्यानों से प्रभावित होकर उन्होंने गणित का अध्ययन किया। 1884 से 1890 तक वे गॉटिंगन विश्वविद्यालय से संबद्ध थे। 1890 में वे ट्यूबिंगन में गणित के प्राध्यापक नियुक्त हुए। मानसिक अवसाद की बीमारी के कारण वे कुछ समय तक एरलांगेन के अस्पताल में भी रहे।

29 अगस्त, 1937 को उनकी मृत्यु हुई।

1887 में फ्रोबेनियस ने अमूर्त समूहों के लिए सायलो प्रमेयों की उपपत्ति और सीमित समूहों के कोसेट्स विश्लेषण पर अपने शोध-पत्र प्रकाशित किए। होल्डर ने भी इन्हीं वर्षों में सीमित समूहों पर कार्य किया और विभाग समूहों को परिभाषित किया। होल्डर के निष्कर्ष अब जोर्डान-होल्डर प्रमेय के नाम से जाने जाते हैं। 1893 से ही बर्नसाइड ने भी सीमित समूहों का अध्ययन प्रारंभ किया और *Notes on the theory of finite order* शीर्षक से लेख-शृंखला प्रकाशित की। 1897 में बर्नसाइड की पुस्तक–*Theory of groups of finite order* प्रकाशित हुई। अंग्रेजी भाषा में इस विषय पर यह पहली पुस्तक थी। बर्नसाइड की एक महत्वपूर्ण उपलब्धि उनका $p^a q^b$ प्रमेय है, जिसके अनुसार p, q अभाज्य संख्याओं के लिए, $p^a q^b$ क्रम वाला समूह समाधेय (solvable) होगा।

1892 में होल्डर ने सरल समूहों (simple groups) का अध्ययन किया और 200 से कम क्रम वाले सभी सरल समूहों को ज्ञात किया। उन्होंने सीमित समूहों की संरचना पर भी शोध कार्य किया और सायलो प्रमेयों का उपयोग करते हुए pq क्रम वाले (p, q अभाज्य हैं) सभी समूहों की संपूर्ण विवेचना प्रस्तुत की।

फ्रोबेनियस ने समूह अभिलक्षणों (group characters) की खोज की। बर्नसाइड ने फ्रोबेनियस के कार्यों से प्रेरणा लेते हुए अपने निष्कर्ष प्रकाशित किए और अपनी पुस्तक का परिमार्जित संस्करण तैयार किया। उन्होंने इन निष्कर्षों के लिए मौलिकता का श्रेय स्वयं न लेते हुए लिखा कि ये फ्रोबेनियस के निष्कर्ष हैं–केवल इन्हें

सिद्ध करने की प्रविधियाँ भिन्न हैं। फ्रोबेनियस के कार्यों की उत्कृष्टतम अभिव्यक्ति ग्रुप रिप्रजन्टेशन सिद्धांतों में मिलती है। बर्नसाइड की परंपरा में कार्य करते हुए कई परिवर्ती गणितज्ञों ने उसका विस्तार किया। विषम क्रम के समूहों की समाधेयता सिद्ध करने के लिए फॉयट (Feit) और थाम्पसन (Thompson) को 1965 का कोल पुरस्कार दिया गया है। मिनिमल सरल समूहों पर किये गए कार्य के लिए थाम्पसन को 1970 में फील्ड्स पदक से सम्मानित किया गया।

एम्मी नोएथेर (Amalie Emmy Noether)

एम्मी नोएथेर

अशोक वाजपेयी की एक कविता है–

मैं जहाँ हूँ
वहाँ से शुरू हो रही है वसुंधरा
वहाँ से उद्‌गम है नदी का
वहाँ से उग रही हैं गिरिमाला
वहाँ झुक रहा है आकाश
वहाँ हो रहा है सूर्योदय

यदि इस कविता को गणितीय शब्दावली में रूपांतरित किया जाए तो ऐसा ही कुछ एम्मी नोएथेर के बारे में कहा जा सकता है कि–उनसे ही शुरू होती हैं नई परिभाषाएँ, वे जहाँ हैं वहीं हैं गुणजावलियों की गिरिमालाएँ, वहीं है वलयों के सम्मोहन की अंत सलिला का उद्‌गम और वहीं हो रहा है नई बीजावली का सूर्योदय! 1920 में एम्मी नोएथेर ने विभिन्न बीजगणितीय संरचनाओं के उभयनिष्ठ गुणों के अध्ययन के लिए आवश्यक संकल्पनाओं का विकास कर बीजीय संख्या-शास्त्र में अमूर्तन और व्यापकता के नए क्षितिजों का विस्तार किया। आइन्स्टाइन के शब्दों में– 'वे बीसवीं शताब्दी की एक श्रेष्ठ गणितज्ञ और सृजनात्मक प्रातिभ थीं।

एम्मी का जन्म 23 मार्च, 1882 को एरलांगेन के एक यहूदी परिवार में हुआ था। एरलांगेन दक्षिण-पूर्वीय जर्मनी में बवेरिया प्रांत का एक शहर है।

मेक्स नोएथेर (1844-1921) = इडा कॉफमन

एम्मी	अल्फ्रेड	फ्रिट्ज	राबर्ट
(1882-1935)	(1883-1918)	(1884-1941)	(1889-1928)

एम्मी के पिता मेक्स नोएथेर एरलांगेन विश्वविद्यालय में गणित के प्राध्यापक थे। उन्होंने वक्रों की बीजीय ज्यामिती की संरचनाओं पर कार्य किया था। यह नोएथेर रेसीड्यूल थ्योरम के नाम से जाना जाता है। वे एक प्रतिभाशाली गणितज्ञ और विविध रुचियों वाले व्यक्ति थे।

एम्मी की शिक्षा एरलांगेन में हुई। बचपन में उन्हें नृत्य और संगीत में रुचि थी और वे भाषा की शिक्षिका बनना चाहती थीं। 1900 के लगभग उन्होंने गणित का अध्ययन प्रारंभ किया। 1903 के वर्ष में उन्होंने गॉटिंगन में शिक्षा प्राप्त की, जहाँ उन्हें डेविड हिलबर्ट, हर्मन मिंकोवस्की, फेलिक्स क्लाइन और ब्लूमेन्थल जैसे गणितज्ञों के व्याख्यान सुनने का अवसर मिला। वे फिर एरलांगेन आ गईं। 1907 में उन्होंने पॉल गोर्डोन के मार्गदर्शन में निश्चरों पर किये गए अपने कार्य पर 'डॉक्टर' की उपाधि प्राप्त की। एरलांगेन विश्वविद्यालय से 'डॉक्टरेट' लेने वाली वे दूसरी महिला थीं। इसके पूर्व अमेरिका की डिक्सी ली ब्रयान्ट ने 1904 में एरलांगेन से भौमिकी में 'डॉक्टरेट' की उपाधि ली थी।

उन दिनों महिलाओं के लिए विश्वविद्यालयीन शिक्षा प्राप्त करना और प्राध्यापक बनना सरल नहीं था। एम्मी को भी बहुत कठिनाइयों का सामना करना पड़ा। हिलबर्ट के प्रयासों से 1919 में एम्मी को गॉटिंगन में 'प्रिवातदोजेंत' (निजी अध्यापक) का अवैतनिक पद मिला। हिलबर्ट अपनी कुछ कक्षाएँ उन्हें दे दिया करते थे, इससे एम्मी को कुछ आय हो जाती थी। 1922 में वे विशिष्ट प्राध्यापक (extraordinary professor) बना दी गईं–यह पद भी अवैतनिक था। उन दिनों हास्य-विनोद में कहा जाता था–

> 'An extraordinary professor knows nothing
> ordinary and an ordinary professor
> knows nothing extraordinary'
> ('एक असाधारण प्राध्यापक को
> कुछ भी साधारण नहीं आता
> और, एक साधारण प्राध्यापक
> कुछ भी असाधारण नहीं जानता')

इन्हीं वर्षों में उन्होंने अवकल निश्चरों पर कार्य किया। रूसी गणितज्ञ पॉल अलेक्जेन्ड्राफ के शब्दों में–"एम्मी का यह कार्य ही उनको प्रथम श्रेणी के गणितज्ञ के रूप में प्रतिष्ठित करने के लिए पर्याप्त है।"

1928-29 में उन्हें मास्को विश्वविद्यालय में अमूर्त बीजगणित पर व्याख्यान देने के लिए आमंत्रित किया गया। यहीं उन्होंने बीजीय ज्यामिती पर कई सेमिनार लिए।

मास्को में उनकी मित्रता पोंट्रागिन (L.S. Pontryagin) और ओ.यू. शिमड्ट (O.U. Schmidt) जैसे गणितज्ञों से हुई। सतत समूहों पर रूसी गणितज्ञों के कार्य को एम्मी ने अपनी मौलिक संकल्पनाओं से प्रभावित किया। हिटलर की यहूदी विरोधी नीतियों के कारण 1933 में उन्हें जर्मनी छोड़ना पड़ा। उन्होंने अमेरिका के ब्राइनमाव्र कॉलेज में प्राध्यापिका का पद स्वीकार कर लिया। वे प्रिंसटन की इंस्टीट्यूट फॉर एडवांस्ड स्टडी की सदस्या बनीं। 26 अप्रैल, 1935 को उनकी मृत्यु हुई।

एम्मी नोएथेर का वलयों, निश्चर सिद्धांत, गुणजावलियों और अ-उत्क्रमणीय बीजावलियों पर किया गया कार्य अपनी समग्रता और व्यापकता के कारण विशेष रूप से उल्लेखनीय है। 1921 में उनका प्रबंध–*Idealtheorie in Ringbereiche* प्रकाशित हुआ था–जो वलयों और गुणजावलियों के अध्ययन पर केंद्रित था। संख्याओं के बीजीय सिद्धांत पर उनके दो शोध-प्रबंध प्रकाशित हुए थे–*Hyperkomplexe Grossen und Darstellungstheoirie* (1929) और *Nichtcommutative Algebra* (1933)। वलयों की एक संरचना उनके नाम से नोएथेर वलय के रूप में जानी जाती है। निश्चरों पर किये गए उनके कार्य ने सापेक्षता सिद्धांत के गणितीय सूत्रीकरण में विशेष योगदान दिया है।

उनके सुयोग्य शिष्यों ने उनके कार्यों और संकल्पनाओं का विस्तार किया। उनके प्रमुख विद्यार्थियों में–*एमिल आर्टिन* (आस्ट्रिया), *वेन डर वार्डेन* (हॉलैंड) और *पॉल अलेक्जेन्ड्राफ* (रूस) के नाम उल्लेखनीय हैं। रूस में अलेक्जेन्ड्राफ के बाद ए.जी. कुरोश ने एम्मी की प्रविधियों पर कार्य किया। 1991 में एमिल आर्टिन के पुत्र माइकेल ने एम्मी की विचारधारा का अनुसरण करते हुए अपनी पुस्तक *Algebra* में गुणजावलियों के अध्ययन के लिए संख्या-सिद्धांत का उपयोग किया है।

नाक-नक्श में वे पुरुषों जैसी लगती थीं। उनकी आवाज भी बहुत भारी थी। अलेक्जेन्ड्राफ ने उन्हें 'डेर नोएथेर' कहना प्रारंभ किया। जर्मन भाषा में पुल्लिंग संज्ञाओं के साथ 'डेर' लगाया गया जाता है। वे बहुत प्रभावी अध्यापिका भी नहीं थीं पर उनका मस्तिष्क अत्यंत प्रखर और सृजनशील था। वे बहुत स्नेही, आत्मीय, वात्सल्य से परिपूर्ण, निस्वार्थी और संवेदनशील थीं। वे विज्ञान और जीवन को अपने संपूर्ण संवेगों और ऊष्णता के साथ प्यार करती थीं। उनका व्यक्तित्व श्रेष्ठतम मानवीय गरिमा से युक्त था। पाब्लो नेरूदा ने इस्पहानी कवि-नाटककार फेदेरिको गार्सिया लोर्का के बारे में जो कहा था, वे ही शब्द एम्मी के बारे में दोहराए जा सकते हैं : "वह एक खुशी है, एक चमक है, एक कोमलता जो पूरी तरह से अति मानवीय है।" यद्यपि उन्हें जर्मनी छोड़कर जाना पड़ा था, पर एरलांगेन शहर आज अपनी इस बेटी पर गर्व करता है। वहाँ उनकी स्मृति को सुरक्षित रखे जाने के प्रयास किये गए हैं।

बीसवीं शताब्दी की बीजगणित की विकास-यात्रा में एम्मी नोएथेर के विद्यार्थी–बार्टेल लीन्डर्ट वेन डर वार्डेन (Bartel Leendert Van der Waerdon) अपनी युगांतकारी कृति–*Modern Algebra* (1930 दो खंड) के कारण जाने जाते हैं। इस कृति ने न केवल यूरोपीय महाद्वीप अपितु अमेरिका तक बीजगणित के सिद्धांतों की शिक्षण पद्धति में नए मानक स्थापित किए। पुस्तक में एम्मी नोएथेर की संरचनात्मक अंतर्दृष्टि और एमिल आर्टिन की बौद्धिक प्रखरता का मिला-जुला प्रभाव था। अमेरिका के सुप्रसिद्ध गणितज्ञ सांडर्स मेकलेन के अनुसार इस पुस्तक के प्रकाशित होते ही यह स्पष्ट हो गया था कि अब बीजगणितीय संकल्पनाओं को इसी तरह से प्रस्तुत किया जाना चाहिए और गणित की पुस्तकें इसी शैली में लिखी जानी चाहिए। मेकलेन ने इसे ललित और गणितीय वाग्मिता से परिपूर्ण एक श्रेष्ठ रचना बताया है। 20वीं शताब्दी में बीजगणित के विकास में इस पुस्तक का ऐतिहासिक महत्व है।

आन्द्रे वायल

आन्द्रे वायल

आन्द्रे वायल (André Weil : 1906-1998) की गणितीय उपलब्धियों एवं शोध कार्यों का क्षितिज, जितना व्यापक है, उतना ही विविध, मौलिक और समृद्ध भी है। उनके कार्यों का विस्तार असाधारण है और उज्जवल उत्कृष्टता उसकी विशेषता है। कविता में इसे कहा जा सकता है–

हाथ गढ़ते रहते हैं रूप
हृदय भर देता इनमें प्राण
कल्पना हो जाती है मुग्ध
सृजन के कितने ही प्रतिरूप

उन्होंने बीजगणित, बीजीय ज्यामिती, ली-ग्रुप्स, ली-बीजावली के साथ-साथ अवकल ज्यामिती, ग्लोबल एनालिसिस, स्थैतिकी, गणितीय विश्लेषण और गणित के इतिहास में उल्लेखनीय कार्य किया है। उनकी गणना बीसवीं शताब्दी के महान बीजगणितज्ञों में होती है। वे हेनरी कार्तान (Henri Cartan : 1904-2008) के साथ बोरबकी समूह (Bourbaki group) के संस्थापक सदस्य थे। इस समूह ने गणित को एक सुदृढ़ संरचनात्मक आधार देने के लिए उच्चस्तरीय पुस्तकों की रचना की थी।

वायल का नाम दीर्घवृत्तीय वक्रों के लिए मार्डेल-वायल प्रमेय के साथ जुड़ा हुआ है। उन्होंने लोकली कामपेक्ट अबेलियन ग्रुप्स पर हार्मोनिक विश्लेषण के

गणित का विकास किया और बीजीय ज्यामिती में अनेक नई संकल्पनाओं को प्रस्तुत किया। फील्ड थ्योरी में उन्होंने गाल्वा ग्रुप से कहीं ज्यादा उपयोगी वायल ग्रुप को परिभाषित कर उसे गणितीय आधार दिया। उन्होंने बीजीय ग्रुप्स के लिए संख्या-शास्त्र की आधारशिला रखी और बीजीय ज्यामिती तथा संख्या-सिद्धांत की अवधारणाओं को साथ लाने का उल्लेखनीय प्रयास किया। यह गणितीय दृष्टि से बहुत उर्वर और फलदायी रहा। इससे माड्यूलर फॉर्म्स और ऑटोमार्फिक फंक्शंस के सिद्धांतों जैसी कई नई विधाओं का जन्म संभव हुआ।

बीजीय ज्यामिती में ही वायल के कार्यों के त्रि-विमीय विस्तार के अपने शोध कार्य पर शिंग-तुंग याऊ (Shing-Tung Yau) को 1983 में फील्ड्स पदक से सम्मानित किया जा चुका है। इसके पूर्व 1978 में वायल के अनुमानों पर किये गए अपने कार्य पर पियरे डेलिग्ने (Pierre Deligne) भी फील्ड्स पदक प्राप्त कर चुके हैं। यहाँ यह उल्लेख करना प्रासंगिक होगा कि गणित में इस पदक की प्रतिष्ठा नोबेल पुरस्कार के समकक्ष मानी जाती है। 1946 में वायल की पुस्तक–*Foundations of Algebraic Geometry* प्रकाशित हुई थी। यह जर्मन और इतालवी ज्यामितीकारों से भिन्न आधारों पर लिखी गई थी। परिमेय फलनों के फील्ड और वेराइटीज–इसके केंद्र में थे। 1948 में उनकी दूसरी पुस्तक *Courbes Algébriques et Varietés Abéliennes* प्रकाशित हुई। स्थैतिकी अभिप्रेरणाओं और ज्यामिती से समृद्ध यह एक भव्य कृति मानी जाती है। 1984 में प्रकाशित उनकी पुस्तक *Number Theory : An Approach through History from Hammurapi to Legendre* बेदह रोचक और पठनीय है। *The Apprenticeship of a Mathematician* शीर्षक से उन्होंने अपनी आत्मकथा लिखी थी, जिसमें 1947 तक के उनके जीवन का विवरण है।

वायल का जन्म 6 मई, 1906 को पेरिस में हुआ था और उनकी मृत्यु 6 अगस्त, 1998 को प्रिंसटन में हुई। बचपन से ही वे विलक्षण मेधा के धनी थे। 15 वर्ष की आयु तक उन्होंने ग्रीक, लैटिन, जर्मन और अँग्रेजी भाषाओं के साथ थोड़ी बहुत संस्कृत भी सीख ली थी। संस्कृत के इस प्रेम ने उन्हें भगवद्गीता पढ़ने के लिए प्रेरित किया और फिर उनका सारा जीवन भगवद्गीतामय हो गया। उन्होंने छान्दोग्य उपनिषद, महाभारत और मेघदूत जैसे ग्रंथों को भी पढ़ा–पर उनका मन गीता में रम गया था। गीता से एकाकार हो गया था। चालीस के दशक में फिनलैंड और सोवियत रूस के बीच युद्ध छिड़ जाने पर, सोवियत गणितज्ञों से पत्राचार के कारण वे फिनलैंड में बंदी बना लिये गए थे। यहाँ से वे स्वीडन, इंग्लैंड और फिर फ्रांस की जेलों में भेजे गए। जेल में ही उन्होंने अपना सर्वश्रेष्ठ शोध

कार्य किया, जो रीमान परिकल्पना पर केंद्रित था। बंदीगृह में गीता का अध्ययन करते हुए उन्होंने अपना समय गहरे आत्मविश्लेषण और *'कर्मेण्यावाधिकारस्ते मा फलेषु कदाचिन'* का अनुसरण करते हुए बिताया। गीता ने उनके आत्मविश्वास को सुरक्षित रखा। उन्हें भगवद्गीता तक पहुँचाने में फ्रांस के प्राच्यविद् सिल्वेन लेवी (Sylvain Levi : 1863-1935) की प्रेरणात्मक भूमिका रही है। लेवी ने उन्हें गीता की एक प्रति देते हुए कहा था–"सबसे पहले, इसे पढ़ो। यदि गीता नहीं पढ़ी है तो तुम भारत के बारे में कुछ नहीं समझ सकते। इसके अलावा, यह अत्यंत ही मनोरम है।"

1925-26 में उन्होंने रोम में वाल्टेरा (Volterra) से बीजीय ज्यामिती का ज्ञान लिया। फिर जर्मनी में एम्मी नोएथेर (Emmy Noether), सीगल (Siegel), हॉप्फ (Hopf), ऑस्ट्रोवस्की (Ostrowski) और टॉप्लिट्ज (Toeplitz) के व्याख्यान सुने। 1928 में उन्होंने पेरिस से डी.एससी. की उपाधि प्राप्त की। 1930-32 के वर्षों में उन्होंने अलीगढ़ मुस्लिम विश्वविद्यालय में गणित पढ़ाया। यहाँ रहकर उन्होंने भारतीय वांग्मय का गहन अध्ययन किया और विश्व की इस पुरातन संस्कृति के उदात्त तत्वों को आत्मसात किया। भारत में यह समय स्वतंत्रता आंदोलनों से भरा हुआ था। महात्मा गाँधी के ऐतिहासिक नमक सत्याग्रह और दाँडी मार्च का भी यही समय था। वायल इन तमाम गतिविधियों से बौद्धिक और भावनात्मक रूप से जुड़े। वे महात्मा गाँधी से भी मिले। उनके जीवन पर गीता के बाद गाँधी के सत्याग्रह का गहरा प्रभाव था। गीता की शिक्षाओं और सत्य के प्रति आग्रह को उन्होंने व्यवहार में अपने जीवन में जिया।

उन्होंने कई देशों और अमेरिका के अनेक विश्वविद्यालयों में पढ़ाया। 1958 से वे इंस्टीट्यूट फॉर एडवांस्ड स्टडी–प्रिंसटन से जुड़े और फिर आजीवन वहीं रहे। 1966 में वे रायल सोसायटी के फेलो निर्वाचित हुए। उन्हें अनेक प्रतिष्ठित पुरस्कारों से सम्मानित किया गया, जिनमें विशेष उल्लेखनीय हैं–*वोल्फ पुरस्कार*–1979, *स्टील पुरस्कार*–1980 और *क्योटो पुरस्कार*–1994।

क्योटो पुरस्कार के प्रशस्ति-पत्र में कहा गया था :

> The results achieved and problems raised by André Weil through his deep understanding of and sharp insight into mathematical sciences in general will continue to have immeasurable influence on the development of mathematical sciences and to contribute greatly to the development of science, as well as the deepening and uplifting of the human spirit.

निस्संदेह वे 20वीं सदी के गणित के आकाश के एक ज्वाजल्यमान नक्षत्र थे। गहरी अंतर्दृष्टि और सम्यक भाव से किये गए उनके कार्यों में एक सम्मोहन है, जो गणितज्ञों की कई पीढ़ियों को आकर्षित करता रहेगा।

नाथन जेकबसन

नाथन जेकबसन

20वीं शताब्दी के बीजगणित की चर्चा **नाथन जेकबसन** (Nathan Jacobson : 1910-1999) के उल्लेख के बिना संभव नहीं है। रिंग-थ्योरी-वलय सिद्धांत और ली-बीजगणित में उनका उल्लेखनीय योगदान है। विश्व भर के गणितीय अध्येता जेकबसन के नाम से, उनकी तीन खंडों में प्रकाशित कृति : *Lectures in Abstract Algebra* (1951, 1953, 1964) के माध्यम से परिचित हैं। लगभग चार दशकों तक यह एक पाठ्यपुस्तक और महत्वपूर्ण संदर्भ ग्रंथ के रूप में उपयोग में लाई जाती रही है। आज भी इसका एक ऐतिहासिक महत्व है। '40 के दशक में अपने कार्यों द्वारा जेकबसन ने एक नए बीजगणित की आधारशिला रखी, जिसे आज विट-जेकबसन बीजावली के नाम से जाना जाता है। 1935 में एनल्स ऑफ मेथेमेटिक्स में प्रकाशित अपने शोध-पत्र–*Rational Methods in Lie Algebra* में उन्होंने सिद्ध किया था :

यदि A और B एक शून्य अभिलक्षण वाले फील्ड पर दो आव्यूह हों, और A तथा AB–BA क्रम विनिमेय हों तो AB–BA एक शून्यभावी आव्यूह होगा।

इरविंग कपलान्स्की इस प्रमेय पर इतने मुग्ध थे कि उन्होंने कहा था कि वे इसके प्रेम में ही पड़ गए हैं। यह परिणाम अब जेकबसन प्रमेयिका के नाम से जाना जाता है।

यथार्थ में उनका जन्म 5 अक्तूबर को हुआ था पर अधिकृत दस्तावेजों के अनुसार उनका जन्म 8 अक्तूबर, 1910 को वारसा (पोलैंड) के एक यहूदी परिवार में हुआ था। उनके पिता अमेरिका आकर बस गए थे, यहाँ अल्बामा विश्वविद्यालय से उन्होंने कानून की प्रारंभिक शिक्षा प्राप्त की। शीघ्र ही वे गणित की ओर आकर्षित हुए। 1934 में उन्होंने प्रिंसटन से–*Non-Commutative*

Polynomials and Cyclic Algebra शीर्षक से लिखे अपने प्रबंध पर पीएच.डी. की उपाधि प्राप्त की। यहीं उन्होंने एम्मी नोएथेर के व्याख्यान सुने। वे येल विश्वविद्यालय से 1981 में सेवानिवृत्त हुए।

वे एक उत्कृष्ट पुस्तक लेखक के रूप में भी प्रसिद्ध हैं। उनकी उल्लेखनीय कृतियाँ हैं–*Structure of Rings*–1956, *Associative Algebra*–1956, *Jordan Algebra*–1968 और *Division Algebra*–1996

जेकबसन की गणितीय उपलब्धियों में उनकी पत्नी 'फ्लोरी'–फ्लोरेन्स डार्फमन का सृजनात्मक सहयोग रहा है। एक प्रतिभाशाली गणितज्ञ होने के साथ-साथ फ्लोरी अत्यंत स्नेहिल और मिलनसार थीं। 54 वर्ष के अपने लंबे दांपत्य जीवन में फ्लोरी ने जेकबसन की पाठिका, आलोचक, सहयोगी और सह-शोधार्थी की भूमिका उल्लास और उत्साह के साथ निभाई। 1945 में दोनों का लिखा शोध-पत्र–*Semi-simple Jordan Algebra* आज भी महत्वपूर्ण माना जाता है।

1998 में अपनी उपलब्धियों के लिए जेकबसन को अमेरिका का प्रतिष्ठित स्टील पुरस्कार (Life time Achievement Award) दिया गया। पुरस्कार के प्रशस्ति-पत्र में उनकी सृजनात्मक उर्वरता और गणित में उनके व्यापक प्रभाव का उल्लेख किया गया था।

5 दिसंबर, 1999 को नाथन जेकबसन की मृत्यु हुई।

सर्वदमन चावला (Sarvadaman Chawla)

सर्वदमन चावला

और, अंत में एक भारतीय बीजगणितज्ञ–**सर्वदमन चावला** (1907-95) का उल्लेख प्रासंगिक होगा।

उत्साह और जिजीविषा से परिपूर्ण चावला रामानुजन की परंपरा के गणितज्ञ थे। वे विशेष रूप से अपनी मौलिक उर्वरता और कल्पनाशीलता के लिए जाने जाते हैं। जटिल से जटिल संकल्पनाओं की सरल और लालित्यपूर्ण प्रस्तुति उनकी विशेषता थी। अपनी उपलब्धियों के प्रति वे अत्यंत विनम्र और संकोची थे।

उन्होंने 350 के लगभग शोध-पत्र लिखे। इनमें से अनेक शोध-पत्रों में उनके साथ–टी.एम. एपॉस्टल, एमिल आर्टिन, पाल

इरडोस, मार्शल हाल–जैसे विश्व प्रसिद्ध गणितज्ञ सह लेखक हैं। चावला ने बर्नाली संख्याओं और करणी के माध्यम से असाधनीय पंचमघात के समीकरणों पर भी महत्वपूर्ण कार्य किया। संख्या-शास्त्र में कई प्रमेयों के साथ उनका नाम जुड़ा हुआ है, जैसे–*एंकेनी-आर्टिन–चावला प्रमेय, ब्रक-चावला–रायसर प्रमेय, चावला-मार्डेल–प्रमेय, चावला–सेलबर्ग प्रमेय।*

22 अक्तूबर, 1907 को लंदन में जन्मे सर्वदमन के पिता गोपाल चावला, लाहौर में गणित के प्राध्यापक थे, जो उस समय उच्च अध्ययन के लिए कैम्ब्रिज गये हुए थे। चावला ने 1928 में लाहौर के गवर्नमेंट कॉलेज से स्नातकोत्तर की परीक्षा उत्तीर्ण की। 1931 में उन्होंने ट्रिनिटी कॉलेज से लिटिलवुड के मार्गदर्शन में 'डॉक्टरेट' की उपाधि प्राप्त की। उन्होंने नई दिल्ली के सेंट स्टीफेंस कॉलेज और बनारस हिंदू विश्वविद्यालय में अध्यापन कार्य किया। भारत की आजादी के समय वे लाहौर के गवर्नमेंट कॉलेज में विभागाध्यक्ष थे। विभाजन के कारण वे वहाँ से सपरिवार दिल्ली आए और फिर अमेरिका चले गए। 1976 में वे पेनिनसिलवानिया स्टेट विश्वविद्यालय से सेवानिवृत्त हुए। वे प्रिंसटन इंस्टीट्यूट फॉर एडवान्सड स्टडी से भी संबद्ध थे। सेंट स्टीफेंस में उनकी मुलाकात हिमानी मजूमदार से हुई और वे शीघ्र ही विवाह सूत्र में बँध गए। उनकी एकमात्र पुत्री पारोमिता भी एक प्रसिद्ध गणितज्ञ हैं, जिन्हें संख्या-शास्त्र के प्रति प्रेम अपने पिता से विरासत में मिला है।

सर्वदमन चावला की मृत्यु 10 दिसंबर, 1995 को हुई।

संदर्भ ग्रंथ–सूची

हिंदी

1. ब्रजमोहन–*गणित का इतिहास,* हिंदी समिति, सूचना विभाग, उ.प्र., लउखऊ, 1965
2. मुले, गुणाकर–*संसार के महान गणितज्ञ,* राजकमल प्रकाशन, नई दिल्ली, 1992
3. राय, रामनिवास–*आर्यभटीय,* इंडियन नेशनल साइंस अकादमी, नई दिल्ली, 1976
4. सत्यप्रकाश–*भारतीय विज्ञान के कर्णधार,* रिसर्च इंस्टीट्यूट ऑफ एन्शेंट साइंटिफिक स्टडीज, नई दिल्ली, 1976
5. सेन, समरेंद्र नाथ–*विज्ञान का इतिहास* (दो भाग), अनु. : भूपेंद्र सान्याल, बिहार हिंदी ग्रंथ अकादमी, पटना, 1972
6. अनु. हरिवंशराय बच्चन–*खय्याम की मधुशाला*

अँग्रेजी

1. Balachandra, Rao S.–*Indian Mathematics and Astronomy some land marks,* Jnana Deep Publications, Bangalore, 1994
2. Basham, A.L.–*The Wonder that was India,* Grove Press, New York, 1977
3. Bell, E.T.–*Men of Mathematics,* New York, 1937
4. Bhanu Murthy, T.S.–*A Modern Introduction to Ancient Indian Mathematics,* Wiley Eastern, New Delhi, 1992
5. Bose, D.M; Sen, S.N. and Subbarayappa, B.V.–*A Concise History of Science in India,* Indian National Science Academy, New Delhi, 1971
6. Boyer, Carl B.–*A History of Mathematics,* John Wiley and Sons, 1968
7. Datta, Bibhutibhusan and Singh, A.N.–*History of Hindu Mathematics* (2 Vols.), Motilal Banarsi Das, Lahore, 1938
8. Dedron, P. and Itard J.–*Mathematics and Mathematicians* (2 Vols.), The Open Univ. Press, Milton Keynes. U.K., 1978
9. Dunnington, G. Waldo–*Carl Friedrich Gauss : Titan of Science,* The Mathematical Association of America, 1955
10. Fellmann, Emil A.–*Leonhard Euler,* Tr. : G. Ericka and G. Walter,

Birkhäuser Berlin, 2007

11. Gindikin, Semyon Grigorevich–*Tales of Physicists and Mathematicians,* Tr. : Alan Shuchat, Birkhäuser Berlin, 1988
12. Guedj, Denis–*The Parrot's Theorem* (a novel), Tr. : Frank Wyne, Thomas Dunne Books, New York, 2000
13. Hooda, D.S. and Kapur, J.N.–*Aryabhata–Life and Contributions,* New Age International (P) Ltd. Publ., New Delhi, 1996
14. Jain, L.C.–*Ganita-Sāra-Samgraha,* Ed. with Hindi translation, Sholapur, 1963
15. Joseph, George Gheverghese–*The Crest of the Peacock,* Affiliated East and West, New Delhi, 1995
16. Mookerji, Radha Kumud–*Ancient India,* Indian Press, Allahabad, 1956
17. Padmavathamma. Dr.–*The Ganitasārsaṅgraha of Shri Mahāvīrācārya,* Engl and Kannada transl. and Notes, Hombuja, Karnataka, 2000
18. Rigatelli, Laura Toti–*Evariste Galois,* Birkhāuser, 1996
19. Sarda, Har Bilas–*Hindu Superiority,* Rajputana Printing Works, Ajmer, 1906
20. Srinivasiengar, C.N.–*The History of Ancient Indian Mathematics,* Calcutta, 1967
21 Stillwell, John–*Mathematics and its History.* Springer, 2000
22. Struik, Dirk J.–*A Concise History of Mathematics,* Dover, 1967
23. Stubhag, Arild–(a) *Niels Henrik Abel and His Times,* Springer, 2000 (b) *The Mathematician Sophus Lie,* Springer, 2000
24. Van der, Waerden B.L.–*Geometry and Algebra in Ancient Civilizations,* Springer, 1983
25. Varadarajan, V.S.–*Algebra in Ancient and Modern Times,* Hindustan Book Agency, New Delhi, 1997